市政工程质量创优手册

郭云飞　安关峰　主编

中国建筑工业出版社

图书在版编目（CIP）数据

市政工程质量创优手册 / 郭云飞，安关峰主编. —
北京：中国建筑工业出版社，2022.9
ISBN 978-7-112-27833-6

Ⅰ. ①市… Ⅱ. ①郭… ②安… Ⅲ. ①市政工程—工
程质量—质量管理—手册 Ⅳ. ①TU990.05—62

中国版本图书馆 CIP 数据核字（2022）第 158658 号

责任编辑：李玲洁
责任校对：张惠雯

市政工程质量创优手册

郭云飞　安关峰　主编

*

中国建筑工业出版社出版、发行(北京海淀三里河路9号)

各地新华书店、建筑书店经销

北京红光制版公司制版

北京建筑工业印刷厂印刷

*

开本：787 毫米×1092 毫米　1/16　印张：17¾　字数：438 千字
2022 年 9 月第一版　　2022 年 9 月第一次印刷
定价：**75.00 元**
ISBN 978-7-112-27833-6
（39779）

本 书 编 委 会

主　　编：郭云飞　安关峰

参　　编：李远文　李　波　段木子　欧阳静达

　　　　　洪汉江　袁卫国　胡继生　孙会峰

　　　　　李建明　陈卫文　金年喜　杨　斌

　　　　　李　稳　梁　欢　李　贲　李沛洪

　　　　　梁志坚　刘世辉　余重享　周　成

主编单位：广州市市政集团有限公司

参编单位：广州市市政集团有限公司工程总承包分公司

　　　　　广州市第一市政工程有限公司

　　　　　广州市第二市政工程有限公司

　　　　　广州市第三市政工程有限公司

　　　　　广州市市政工程机械施工有限公司

　　　　　广州市恒盛建设工程有限公司

　　　　　广州市市政实业有限公司

前　言

质量重于泰山，质量是千秋万业之基石。市政工程的使用者为广大人民群众，其质量关系到人民群众的切身利益及生命安全。工程质量合格是每个工程施工企业必须履行的法律义务，工程质量创优则是工程施工企业孜孜不倦的追求。鲁班奖、詹天佑奖、国家优质工程奖是全国建设工程的国家级大奖，各省市、各部委也有相关的工程质量奖项。广州市市政集团有限公司编制《市政工程质量创优手册》的初衷是用来指导和促进所属企业的创优工作，公开出版本书是希望能为国内同行企业的质量创优工作有所帮助。

本书的编写架构如下：

1. 本书共分为 6 章。按照市政工程的 6 大工程类别进行划分，依次为：道路工程、桥梁工程、隧道工程、给水排水工程、综合管廊工程、生活垃圾填埋场工程。

2. 每章分为若干节。第 1 节均为该类工程类别的技术标准及质量控制重点，剩余几节则按照工程部位（分部工程）进行划分。

3. 每章第 1 节又分成三条叙述，分别为施工及验收技术标准、规范标准强制性条文、创优质量控制重点；每章第 2 节及后续节按子分部工程或分项工程分别叙述。

4. 本书的最底层主体部分为分项工程的质量创优，分下面四点进行说明：

（1）工艺控制要点：对关键工艺的控制措施，不求面面俱到，力求重点突出；

（2）质量实测项目：引用现行国家和行业标准，为突出质量创优，部分项目的偏差允许值的规定比合格标准略严格；

（3）优良工艺图例：是针对该分项工程的关键工艺的规范做法用图表示，以便读者清晰了解相关工艺要点；

（4）质量问题图例：反映施工过程中的一些常见质量问题，以起到警示作用，应采取措施尽量避免出现类似问题。

本书编写分工如下：

第 1 章：广州市第一市政工程有限公司、广州市市政实业有限公司

第 2 章：广州市第二市政工程有限公司、广州市市政工程机械施工有限公司

第 3 章：广州市市政集团有限公司工程总承包分公司

第 4 章：广州市第三市政工程有限公司、广州市恒盛建设工程有限公司

第 5 章：广州市市政工程机械施工有限公司

第 6 章：广州市第三市政工程有限公司

全书由广州市市政集团有限公司汇编、整理。本书仅供相关单位和人员参考和借鉴，因时间匆忙和编者水平所限，难免有疏漏和谬误之处，敬请读者批评指正，以便再版修订。

编　者

2022 年 4 月

目　　录

第1章 道路工程

1.1 道路工程技术标准及质量控制重点

1.1.1 施工及验收技术标准

1. 《工程测量标准》GB 50026—2020
2. 《岩土锚杆与喷射混凝土支护工程技术规范》GB 50086—2015
3. 《沥青路面施工及验收规范》GB 50092—96
4. 《混凝土外加剂应用技术规范》GB 50119—2013
5. 《混凝土质量控制标准》GB 50164—2011
6. 《土方与爆破工程施工及验收规范》GB 50201—2012
7. 《砌体结构工程施工质量验收规范》GB 50203—2011
8. 《混凝土结构工程施工质量验收规范》GB 50204—2015
9. 《砌体结构工程施工规范》GB 50924—2014
10. 《城市道路交通工程项目规范》GB 55011—2021
11. 《水泥混凝土路面施工及验收规范》GBJ 97—87
12. 《粉煤灰混凝土应用技术规范》GB/T 50146—2014
13. 《复合地基技术规范》GB/T 50783—2012
14. 《建筑与市政地基基础通用规范》GB 55003—2021
15. 《城市道路交通工程项目规范》GB 55011—2021
16. 《建筑与市政工程无障碍通用规范》GB 55019—2021
17. 《城镇道路工程施工与质量验收规范》CJJ 1—2008
18. 《轻骨料混凝土应用技术标准》JGJ/T 12—2019
19. 《普通混凝土配合比设计规程》JGJ 55—2011
20. 《公路沥青路面再生技术规范》JTG/T 5521—2019
21. 《公路路基施工技术规范》JTG/T 3610—2019
22. 《公路路面基层施工技术细则》JTG/T F20—2015
23. 《公路水泥混凝土路面施工技术细则》JTG/T F30—2014
24. 《公路沥青路面施工技术规范》JTG F40—2004
25. 《公路工程质量检验评定标准 第一册 土建工程》JTG F80/1—2017

1.1.2 规范标准强制性条文

1. 《建筑与市政地基基础通用规范》GB 55003—2021

2.1.6 地基基础工程施工应采用经质量检验合格的材料、构件和设备，应根据设计要求和工程需要制定施工方案，并进行工程施工质量控制和工程监测。工程监测应确保数据的完整性、真实性和可靠性。

2.1.7 地基基础工程施工应采取措施控制振动、噪声、扬尘、废水、废弃物以及有毒有害物质对工程场地、周边环境和人身健康的危害。

2.1.8 当地下水位变化对建设工程及周边环境安全产生不利影响时，应采取安全、有效的处置措施。

2.1.9 地下水控制工程应采取措施防止地下水水质恶化，不得造成不同水质类别地下水的混融；且不得危及周边建（构）筑物、地下管线、道路、城市轨道交通等市政设施的安全，影响其正常使用。

2.3.1 地基基础工程施工前，应编制施工组织设计或专项施工方案。

2.3.2 地基基础工程施工应采取保证工程安全、人身安全、周边环境安全与劳动防护、绿色施工的技术措施与管理措施。

2.3.3 地基基础工程施工过程中遇有文物、化石、古迹遗址或遇到可能危及安全的危险源等，应立即停止施工和采取保护措施，并报有关部门处理。

2.3.4 地基基础工程施工应根据设计要求或工程施工安全的需要，对涉及施工安全、周边环境安全，以及可能对人身财产安全造成危害的对象或被保护对象进行工程监测。

2.3.5 地基基础工程施工质量控制及验收，应符合下列规定：

1 对施工中使用的材料、构件和设备应进行检验，材料、构件以及试块、试件等应有检验报告；

2 各施工工序应进行质量自检，施工工序之间应进行交接质量检验；

3 质量验收应在自检合格的基础上进行，隐蔽工程在隐蔽前应进行验收，并形成检查或验收文件。

4.1.2 地基基槽（坑）开挖到设计标高后，应进行基槽（坑）检验。

4.4.1 地基施工前，应编制地基工程施工组织设计或地基工程施工方案，其内容应包括：地基施工技术参数、地基施工工艺流程、地基施工方法、地基施工安全技术措施、应急预案、工程监测要求等。

4.4.2 处理地基施工前，应通过现场试验确定地基处理方法的适用性和处理效果；当处理地基施工采用振动或挤土方法施工时，应采取措施控制振动和侧向挤压对邻近建（构）筑物及周边环境产生有害影响。

4.4.3 换填垫层、压实地基、夯实地基采用分层施工时，每完成一道工序，应按设计要求进行验收检验，未经检验或检验不合格时，不得进行下一道工序施工。

4.4.4 湿陷性黄土、膨胀土、盐渍土、多年冻土、压实填土地基施工和使用过程中，应采取防止施工用水、场地雨水和邻近管道渗漏水渗入地基的处理措施。

4.4.5 地基基槽（坑）开挖时，当发现地质条件与勘察成果报告不一致，或遇到异常情况时，应停止施工作业，并及时会同有关单位查明情况，提出处理意见。

4.4.6 地基基槽（坑）验槽后，应及时对基槽（坑）进行封闭，并采取防止水浸、暴露和扰动基底土的措施。

4.4.7 下列建筑与市政工程应在施工期间及使用期间进行沉降变形监测，直至沉降变形达到稳定为止：

1 对地基变形有控制要求的；

2 软弱地基上的；

3 处理地基上的；

4 采用新型基础形式或新型结构的；

5 地基施工可能引起地面沉降或隆起变形、周边建（构）筑物和地下管线变形、地下水位变化及土体位移的。

4.4.8 处理地基工程施工验收检验，应符合下列规定：

1 换填垫层地基应分层进行密实度检验，在施工结束后进行承载力检验。

2 高填方地基应分层填筑、分层压（夯）实、分层检验，且处理后的高填方地基应满足密实和稳定性要求。

3 预压地基应进行承载力检验。预压地基排水竖井处理深度范围内和竖井底面以下受压土层，经预压所完成的竖向变形和平均固结度应进行检验。

4 压实、夯实地基应进行承载力、密实度及处理深度范围内均匀性检验。压实地基的施工质量检验应分层进行。强夯置换地基施工质量检验应查明置换墩的着底情况、密度随深度的变化情况。

5 对散体材料复合地基增强体应进行密实度检验；对有粘结强度复合地基增强体应进行强度及桩身完整性检验。

6 复合地基承载力的验收检验应采用复合地基静载荷试验，对有粘结强度的复合地基增强体尚应进行单桩静载荷试验。

7 注浆加固处理后地基的承载力应进行静载荷试验检验。

8.1.3 在建设场区内，对可能因施工或其他因素诱发滑坡、崩塌等地质灾害的区域，应采取预防措施。对具有发展趋势并威胁建（构）筑物、地下管线、道路等市政设施安全使用的滑坡与崩塌，应采取处置措施消除隐患。

8.1.4 位于边坡塌滑区域的建（构）筑物在施工与使用期间，应对坡顶位移、地表裂缝、建（构）筑物沉降变形进行监测。永久性边坡工程竣工后的监测时间不应少于2年。

8.1.5 下列边坡工程应进行专项论证：

1 边坡高度大于30m的岩石边坡；

2 边坡高度大于15m的土质边坡；

3 土、岩混合及地质环境条件复杂的边坡；

4 已有崩塌、滑坡的边坡；

5 周边已有永久性建（构）筑物与市政工程需要保护的边坡；

6 外倾结构面并有软弱夹层的边坡；

7 膨胀土边坡；

8 采用新结构、新技术的边坡。

注：由于《建筑与市政地基基础通用规范》GB 55003—2021颁布，原如下强条废止：

（1）《土方与爆破工程施工及验收规范》GB 50201—2012第4.1.8、4.5.4、5.1.12、5.2.10、5.4.8条；

（2）《建筑地基基础工程施工质量验收标准》GB 50202—2018第5.1.3条；

（3）《建筑边坡工程技术规范》GB 50330—2013 第3.1.3、3.3.6、18.4.1、19.1.1条；

（4）《建筑地基基础工程施工规范》GB 51004—2015 第5.5.8、5.11.4、6.1.3、6.9.8条；

（5）《高填方地基技术规范》GB 51254—2017 第3.0.11条；

（6）《建筑地基处理技术规范》JGJ 79—2012 第3.0.5、4.4.2、5.4.2、6.2.5、6.3.2、6.3.10、6.3.13、7.1.2、7.1.3、7.3.2、7.3.6、8.4.4、10.2.7条；

（7）《建筑与市政工程地下水控制技术规范》JGJ 111—2015 第3.1.9条。

2. 《城市道路交通工程项目规范》GB 55011—2021

2.0.6　城市道路人行系统应设置无障碍设施。

2.0.7　城市道路交通工程项目建设应对工程质量、施工安全、消防安全、职业健康、生态环境保护及资源节约等建立完善的管理制度和切实可行的技术保障措施。

2.0.10　城市道路工程的建设及运营养护应保护水源地、文物、古树名木等。

5.0.10　路基填筑应按不同性质的土进行分类分层压实；路基高边坡施工应制定专项施工方案。

5.0.11　路面施工应符合下列规定：

1　热拌普通沥青混合料施工环境温度不应低于5℃，热拌改性沥青混合料施工环境温度不应低于10℃。沥青混合料分层摊铺时，应避免层间污染。

2　水泥混凝土路面抗弯拉强度应达到设计强度，并应在填缝完成后开放交通。

注：由于《城市道路交通工程项目规范》GB 55011—2021颁布，原如下强条废止：《城镇道路工程施工与质量验收规范》CJJ 1—2008 第3.0.7、3.0.9、6.3.3、6.3.10、8.1.2、8.2.20、10.7.6、11.1.9、17.3.8条。

3. 《建筑与市政工程无障碍通用规范》GB 55019—2021

2.1.4　无障碍通行设施的地面应坚固、平整、防滑、不积水。

2.2.4　无障碍通道上有井盖、箅子时，井盖、箅子孔洞的宽度或直径不应大于13mm，条状孔洞应垂直于通行方向。

2.3.2　轮椅坡道的通行净宽不应小于1.20m。

2.3.4　轮椅坡道的高度大于300mm且纵向坡度大于1∶20时，应在两侧设置扶手，坡道与休息平台的扶手应保持连贯。

2.3.5　设置扶手的轮椅坡道的临空侧应采取安全阻挡措施。

2.10.1　各种路口、出入口和人行横道处，有高差时应设置缘石坡道。

2.10.2　缘石坡道的坡口与车行道之间应无高差。

2.10.3　缘石坡道距坡道下口路缘石250mm～300mm处应设置提示盲道，提示盲道的长度应与缘石坡道的宽度相对应。

2.10.4　缘石坡道的坡度应符合下列规定：

1　全宽式单面坡缘石坡道的坡度不应大于1∶20；

2　其他形式缘石坡道的正面和侧面的坡度不应大于1∶12。

2.10.5　缘石坡道的宽度应符合下列规定：

1　全宽式单面坡缘石坡道的坡道宽度应与人行道宽度相同；

2　三面坡缘石坡道的正面坡道宽度不应小于1.20m；

3　其他形式的缘石坡道的坡口宽度均不应小于1.50m。

2.10.6　缘石坡道顶端处应留有过渡空间，过渡空间的宽度不应小于900mm。

2.10.7　缘石坡道上下坡处不应设置雨水箅子。设置阻车桩时，阻车桩的净间距不应小于900mm。

2.11.1　盲道的铺设应保证视觉障碍者安全行走和辨别方向。

2.11.2　盲道铺设应避开障碍物，任何设施不得占用盲道。

2.11.3　需要安全警示和提示处应设置提示盲道，其长度应与需安全警示和提示的范围相对应。行进盲道的起点、终点、转弯处，应设置提示盲道，其宽度不应小于300mm，且不应小于行进盲道的宽度。

2.11.4　盲道应与相邻人行道铺面的颜色或材质形成差异。

1.1.3　创优质量控制重点

1. 实体质量

（1）软基处理工程：水泥搅拌桩和高压旋喷桩的水泥浆相对密度、单位延米水泥用量、桩长、间距、桩垂直度满足要求；袋装砂井和塑料排水板的井（板）底标高、砂和排水板材料规格、间距、砂袋或排水板伸入砂垫层的长度满足要求；复合地基的垫层材料及厚度，土工合成材料的布置范围及搭接满足要求等。

（2）路基土石方工程：填土路基分层送铺厚度和压实厚度的控制；填土路基分层检测压实度；填方路基填筑每层表面平整、路拱合适、排水良好；路基填筑材料满足要求；填石路基应通过试验来确定沉降差控制标准等。

（3）路面基层工程：级配粒料基层的厚度、颗粒级配满足要求；水泥稳定粒料基层的分层压实厚度、水泥用量、压实度满足要求。

（4）路面面层工程：沥青混合料的目标配合比、生产配合比、试拌试铺验证配合比三个阶段的配合比设计应符合设计要求；沥青混凝土应严格控制混合料拌合、摊铺、碾压温度，根据试验段选择沥青混合料的压实机具组合、分层厚度、压实遍数；水泥混凝土面层的混凝土抗折强度，接缝的位置、规格、尺寸及传力杆、拉力杆的设置应满足要求，控制混凝土路面的养护方式及时间；面层表面平整度、抗滑、横坡等满足要求。

（5）道路附属工程：人行道板的材料、规格满足要求，砌块应表面平整、安装稳固，彩色道砖应色彩均匀；路缘石的混凝土强度满足要求，路缘石安装应砌筑稳固；雨水口和收水口的位置合适，便于收水汇水。

2. 外观质量

（1）整体：道路（侧平石、标线等）线形顺直美观，路面平整，路面无明显积水。

（2）路面基层：基层表面平整，密实，横坡满足要求，稳定类基层应无松散、裂缝、无坑洼、无碾压轮迹；无明显施工缝，接缝处结合面紧密。

（3）沥青混凝土面层：表面平整，粗糙度合适；表面无明显裂缝、松散、推挤、碾压轮迹、油丁、泛油、离析等；搭接处烫缝应无枯焦；路面无积水。

（4）水泥混凝土面层：无裂缝、断板、孔洞、起砂、鼓包、掉角、露石等现象；接缝填注不得漏填、松脱，填缝料不应污染路面；路面应无积水。

（5）道路附属工程：人行道板棱角整齐，不得有蜂窝、露石、脱皮等现象，色泽均匀；路缘石顶面平整、线条直顺、缝宽均匀、勾缝密实，路缘石不应破损，平缘石不应阻水；盲道及无障碍设施铺设美观、完好；人行道与街道构筑物及路口接顺；隔离墩、隔离栅、护栏、防眩板、挡土墙等附属构筑物安装美观、坚固。

3. 内业资料

（1）图纸会审、设计交底，施工图设计文件修改、变更、洽商应符合程序，记录完整。

（2）施工组织设计、施工方案、危险性较大的分部分项工程专项施工方案、技术交底、安全技术交底、施工日志、施工记录齐全，施工组有质量目标，审批手续齐全。

（3）原材料、构配件、预制构件及商品混凝土质量资料齐全，水泥、钢材、沥青、商品混凝土等应具有出厂合格证明及现场检测报告。

（4）见证取样和送检记录：水泥、掺和料、外加剂、混凝土试块、钢材等见证取样和送检记录资料及相关试验（检验）报告单。

（5）施工试验资料：沥青混凝土面层压实度检测报告、道路基层材料压实度检测报告及击实试验报告、半刚性基层材料无侧限抗压强度检测报告、填土压实度检测报告及击实试验报告（当填土层作为受力土层时）；混凝土耐久性等试验检测报告，钢筋混凝土中碱含量计算书、氯离子试验报告、碱活性试验报告；混凝土试块抗压强度、水泥混凝土路面抗折强度、混凝土抗渗、抗冻性等耐久性指标检测（设计要求时）试验报告及统计评定。

（6）现场实体检测及功能性检验资料：路基、基层弯沉检测报告；原状地基承载力试验报告、复合地基压板试验报告，软基处理桩体的单桩静载试验报告等；沥青混凝土路面压实度、平整度、弯沉值、渗水系数、摩擦系数、构造深度、厚度检测报告；水泥混凝土弯拉强度检测报告；水泥混凝土路面横向力系数、构造深度、厚度、平整度检测报告；

（7）施工记录：混凝土浇筑施工记录，沥青混凝土摊铺施工记录应内容完整、记录真实。

（8）测量及监测记录：控制点、基准线、水准点的复测记录，有放必复；软土路基沉降观测记录、高填土路基沉降监测、高边坡变形监测记录等。

（9）质量验收记录：检验批、分项、分部、单位工程验收及隐蔽工程验收记录应内容齐全、结论明确、签认手续完整，参与验收人员应具有相应资格。

1.2 道路路基工程

1.2.1 路基土石方

1. 土方路基

（1）工艺控制要点

1）性质不同的填料应水平分层、分段填筑，分层压实。同一层路基应采用同一种填料，不得混合填筑。

2）每种填料的松铺厚度应通过试验确定，每一填筑层压实后的宽度不得小于设计宽度。

3）路堤填筑时，应从最低处起分层填筑，逐层压实。

4）填方分几个作业段施工时，接头部位如不能交替填筑，先填路段应按1：1～1：2坡度分层留台阶；如能交替填筑，应分层相互交替搭接，搭接长度应不小于2m。

（2）质量实测项目

填土路基实测项目见表1.2.1-1。

填土路基实测项目 表1.2.1-1

序号	实测项目		允许偏差（mm）
1	压实度		≥设计值
2	路床纵断高程		−20，+10
3	路床中线偏位		≤30
4	平整度	路基各压实层	≤20
		路床	≤15
5	路床宽度		≥设计值
6	路床横坡		±0.3%且不反坡
7	边坡		不陡于设计值

（3）优良工艺图例

优良工艺图例见图1.2.1-1～图1.2.1-4。

图1.2.1-1 打网格分层填土

图1.2.1-2 原地面陡坡设台阶再填筑

图1.2.1-3 路基边坡坡率满足要求

图1.2.1-4 按要求测弯沉

（4）质量问题图例

质量问题图例见图 1.2.1-5～图 1.2.1-8。

图 1.2.1-5　碾压轮迹明显出现"弹簧土"现象

图 1.2.1-6　开挖路床积水严重

图 1.2.1-7　路基裂缝明显

图 1.2.1-8　路肩位置碾压不到位、松散

2. 石方路基

（1）工艺控制要点

1）修筑填石路基时应进行地表清理，原地表应压实、平整。

2）填石路基应分层填筑压实，每层表面平整，路拱合适，排水良好。

3）应根据填石路基试验段结果，确定分层填筑厚度和相应的压实机具、压实遍数等参数，并得到沉降差控制标准。

4）填石空隙应用石渣、石屑嵌压稳定。

（2）质量实测项目

填石路基实测项目见表 1.2.1-2。

填石路基实测项目　　　　　　　　　　　　　　　表 1.2.1-2

序号	项目	允许偏差（mm）
1	压实	孔隙率满足设计要求；沉降差≤试验段确定的沉降差

序号	项目		允许偏差（mm）
2	弯沉		≤设计值
3	纵断高程		−20，＋10
4	中线偏位		30
5	宽度		≥设计要求施工时必要的附加宽度
6	平整度		20
7	横坡		±0.3%且不反坡
8	边坡	坡度	不陡于设计值
		平顺度	符合设计要求

（3）优良工艺图例

优良工艺图例见图1.2.1-9～图1.2.1-12。

图1.2.1-9 填石路基画网格分层填筑

图1.2.1-10 羊角碾压路机碾压

图1.2.1-11 填石路堤码砌边坡施工

图1.2.1-12 施工完成的填石路堤

（4）质量问题图例

质量问题图例见图1.2.1-13～图1.2.1-16。

图 1.2.1-13 部分石料粒径过大

图 1.2.1-14 填料为风化石强度低

图 1.2.1-15 石方填料级配差、个别石料粒径过大

图 1.2.1-16 细料填充不密实、碾压不到位

1.2.2 软基处理

1. 换填垫层

（1）工艺控制要点

1）铺筑砂石的每层厚度，一般为 15～20cm，不宜超过 30cm，分层厚度可用样桩控制。视不同条件，可选用夯实或压实的方法。大面积的砂石垫层，铺筑厚度可达 35cm，宜采用 6～10t 的压路机碾压。

2）砂和砂石地基底面宜铺设在同一标高上，如深度不同时，基土面应挖成踏步和斜坡形，搭槎处应注意压（夯）实。施工应按先深后浅的顺序进行。

3）铺筑的砂石应级配均匀。如发现砂窝或石子成堆现象，应将该处砂子或石子挖出，分别填入级配好的砂石。

4）铺筑级配砂石在夯实碾压前，应根据其干湿程度和气候条件，适当地洒水以保持砂石的最佳含水量，一般为 8%～12%。

5）夯实或碾压的遍数，由现场试验确定。

（2）质量实测项目

砂石换填垫层实测项目见表 1.2.2-1。

砂石换填垫层实测项目		表 1.2.2-1
序号	检查项目	允许偏差（mm）
1	地基承载力	符合设计要求
2	砂石配比	符合设计要求
3	压实系数	符合设计要求
4	砂石有机质含量	≤5%
5	砂石料含泥量	≤5%
6	石料粒径	≤100
7	含水量（与最优含水量比较）	±2%
8	分层厚度（与设计要求比较）	±50

（3）优良工艺图例

优良工艺图例见图 1.2.2-1～图 1.2.2-4。

图 1.2.2-1　砂垫层铺筑平整

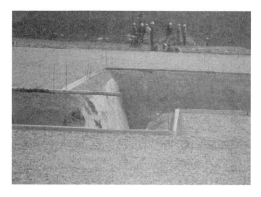

图 1.2.2-2　碎石垫层铺筑平整

图 1.2.2-3　换填垫层碾压平整

图 1.2.2-4　换填垫层铺筑平整

（4）质量问题图例

质量问题图例见图 1.2.2-5～图 1.2.2-8。

图 1.2.2-5 部分粒径过大

图 1.2.2-6 片石垫层级配欠佳

图 1.2.2-7 碎石垫层混有泥块、边界不清晰

图 1.2.2-8 垫层分层厚度偏大

2. 排水固结（预压）地基

（1）工艺控制要点

1）施工前清理场地，排除积水，并将路基范围内原地面上淤泥、树根、草皮、腐殖土等全部挖除。

2）塑料排水板应具有耐腐性、柔韧性，所用材料规格、品种、技术条件应符合设计要求；塑料排水板储存与使用中不得长期暴晒。

3）塑料排水板的位置、间距、插深、垂直度等应满足要求；排水板应超过孔口、长度伸入砂垫层不少于 50cm。

4）袋装砂井的砂料宜采用风干砂，砂料含泥量应控制在 3% 以内，以免降低砂井的排水效率；砂袋宜采用聚丙烯编织袋，砂袋的渗透系数应大于所用砂的渗透系数；砂袋在施工时应避免太阳光长时间直接照射。

5）砂袋的位置、间距、埋深、垂直度等应满足要求；砂袋安装不应扭曲、缩颈、断割或磨损；砂袋在孔口外的长度应能伸入砂垫层不少于 30cm。

6）控制砂垫层的厚度及土工合成材料的位置，排水板及砂袋伸入砂垫层的长度满足要求。

7）真空预压的密封沟布置在塑料排水板和搅拌桩加固区的四周，密封沟开挖深度在淤泥层 1.5m 以上；主滤管和支滤管间采用变径两通、三通、四通连接，同管径的对接采用丝扣连接；滤管铺设及接头连接完毕后最后再铺设中粗砂垫层。

8）真空预压铺设土工布和密封膜，土工布采用耐腐蚀、抗老化的无纺土工布，密封膜的热合与黏接采用双热合缝的平搭接。一般情况下，真空度保持不小于80kPa，真空预压时间不小于60d；每天进行沉降观测，沉降速率较大时应加密观测。

（2）质量实测项目

塑料排水、袋装砂井、真空预压实测项目见表1.2.2-2～表1.2.2-4。

塑料排水板实测项目   表1.2.2-2

序号	检测项目	允许偏差（mm）
1	排水板间距	≤150
2	深度	≥设计值
3	伸入砂垫层长度	≥500
4	垂直度	≤1.5%H，H为孔深

袋装砂井实测项目   表1.2.2-3

序号	检测项目	允许偏差（mm）
1	砂井间距	≤150
2	砂井直径	0，+20
3	垂直度	≤1.5%H，H为孔深
4	砂井灌砂量	−5%G，G为理论计算灌砂量，单位为kg
5	深度	≥设计值

真空预压实测项目   表1.2.2-4

序号	检测项目	允许偏差
1	密封膜的位置及范围	符合设计要求
2	抽气阶段膜下真空度	≤设计值
3	真空预压时间	≥设计值
4	真空预压后总沉降量	符合设计要求

（3）优良工艺图例

优良工艺图例见图1.2.2-9～图1.2.2-14。

图1.2.2-9 塑料排水板软基处理断面图

图1.2.2-10 塑料排水板间距均匀

图 1.2.2-11　中粗砂灌满砂袋　　图 1.2.2-12　袋装砂井的砂袋预留外伸长度合适

图 1.2.2-13　真空预压施工　　图 1.2.2-14　真空预压的板管连接

（4）质量问题图例

质量问题图例见图 1.2.2-15～图 1.2.2-18。

图 1.2.2-15　塑料排水板的伸出孔口长度不足　　图 1.2.2-16　袋装砂井的砂袋外伸长度不足

图 1.2.2-17　真空预压的密封沟深度不足　　图 1.2.2-18　工人穿硬底鞋易损坏密封膜

3. 水泥搅拌桩处理

（1）工艺控制要点

1）钻机的提升速度控制在0.8m/min以内。钻机垂直度偏差控制在1.5%H以内。

2）当搅拌头到达设计桩顶标高时，应立即开启灰浆泵，提前进行喷浆作业。当喷浆头提升至设计标高以上300mm时，灰浆泵应停止供浆。

3）水泥浆采用全自动配浆罐配置，加水时要采用定量容器，保证喷浆量的准确。应严格控制喷浆量和每根桩每延米掺灰量。

4）搅拌桩机下沉到设计深度后，边提升，边由搅拌叶片将水泥浆与土体搅拌，边提升边喷浆，直至提升到设计桩顶高程以上0.4～0.5m，宜停止提升，搅拌数秒，以保证桩头的均匀密实。

（2）质量实测项目

水泥搅拌桩实测项目见表1.2.2-5。

水泥搅拌桩实测项目　　　　　　　　　　　　表1.2.2-5

序号	检测项目	允许偏差（mm）
1	桩底标高	±200
2	桩顶标高	−50，+100
3	桩位偏差	<50
4	桩径	≤0.04D，D为设计桩径

（3）优良工艺图例

优良工艺图例见图1.2.2-19～图1.2.2-22。

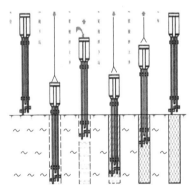 

图1.2.2-19　水泥搅拌桩成桩流程　　　图1.2.2-20　搅拌桩机钻杆竖直

图1.2.2-21　搅拌桩桩位标志清晰　　　图1.2.2-22　搅拌桩单桩承载力试验

（4）质量问题图例

质量问题图例见图 1.2.2-23、图 1.2.2-24。

图 1.2.2-23　搅拌桩机钻杆不竖直　　　　图 1.2.2-24　桩身完整性差

4. 高压旋喷桩处理

（1）工艺控制要点

1）钻机或旋喷桩机就位时，机座要平稳，立轴或转盘与孔位对正，倾角与设计误差一般不得大于 0.5°。

2）喷射注浆前要检查高压设备和管路系统，设备的压力和排量必须满足设计要求。管路系统的密封圈必须良好，各通道和喷嘴内不得有杂物。

3）喷射注浆时要注意准备，开动注浆泵，待估算水泥浆的前锋已经流出喷头后，才开始提升注浆管，自下而上喷射注浆。

4）喷射注浆作业后，由于浆液析水作用，一般均有不同程度的收缩，使固结体顶部出现凹穴，所以应及时用水灰比为 0.6～1 的水泥浆进行补灌，并要预防其他钻孔排出的泥土或杂物进入。

5）为了加大固结体尺寸，或深层硬土为避免固结体尺寸减小，可以采用提高喷射压力、泵量或降低回转与提升速度等措施，也可采用复喷工艺。

（2）质量实测项目

高压喷射注浆地基实测项目见表 1.2.2-6。

高压喷射注浆地基实测项目

表 1.2.2-6

序号	检测项目	允许偏差（mm）
1	水泥用量	符合设计要求
2	桩体强度	符合设计要求
3	桩基承载力	符合设计要求
4	钻孔垂直度	≤1.5%
5	孔深	±200
6	桩体搭接	>200
7	桩位偏差	≤0.2D，D 为设计桩径

（3）优良工艺图例

优良工艺图例见图1.2.2-25～图1.2.2-28。

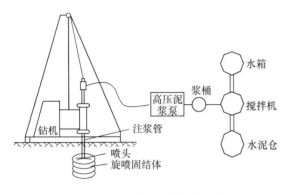

图1.2.2-25 高压旋喷桩工艺示意

图1.2.2-26 采用配套水泥浆拌制设备

图1.2.2-27 高压旋喷桩施工

图1.2.2-28 水塘边的高压旋喷桩施工

（4）质量问题图例

质量问题图例见图1.2.2-29、图1.2.2-30。

图1.2.2-29 旋喷桩钻杆垂直度较差

图1.2.2-30 喷浆时冒浆过多造成浪费

5. 碎石桩处理

（1）工艺控制要点

1）正式施工前，应根据地质状况不同的场地进行现场成桩试验，以取得满足设计要求所需的施工机具、施工工艺和技术参数，以此作为正式施工的依据。

2）测量放线后吊车就位，缓慢吊起振冲器，使其竖直、悬空，距地面 10～20cm，并让尖端对准桩位，检查水压、电压和振冲器电流是否正常。

3）开启高压清水泵，注入高压水，开动振冲器，振冲器在压力冲击作用和振动作用下竖直贯入地层至设计深度。

4）造孔完毕后，装载机向孔内倒石料，每次填料数量视土质条件而定，一般每次填料高度为 0.5～0.8m。待石料沉入孔底后，再缓慢下沉振冲器，振密孔底桩体。循环上段工序，进行下一段桩体的压密工作直至孔口，则完成一根桩的制桩过程。

5）振冲碎石桩处理完成后，在桩顶上按设计要求铺填碎石垫层，全部处理范围均采用振动压路机重叠轮迹碾压至少两遍。

（2）质量实测项目

碎石桩允许偏差实测项目见表 1.2.2-7。

碎石桩允许偏差实测项目   表 1.2.2-7

序号	项目	允许偏差（mm）
1	桩距	±150
2	桩径	≥设计值
3	竖直度	≤1.5%H

注：H 为桩长或孔深。

（3）优良工艺图例

优良工艺图例见图 1.2.2-31～图 1.2.2-34。

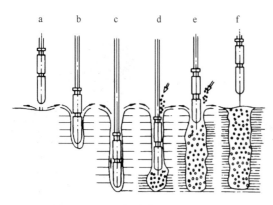

图 1.2.2-31　振冲碎石桩工艺示意　　　　图 1.2.2-32　作业前检查振冲设备

图 1.2.2-33　振冲成孔

图 1.2.2-34　孔内倒入石料

（4）质量问题图例

质量问题图例见图 1.2.2-35、图 1.2.2-36。

图 1.2.2-35　场地泥泞，碎石桩位置难控制

图 1.2.2-36　孔内填灌材料不合格

6. CFG 桩处理

（1）工艺控制要点

1）钻机定位应准确，钻头对准孔位中心，允许偏差在 50mm 以内；钻杆保持垂直，其垂直度偏差不得大于 1.0%。

2）CFG 桩宜采用长螺旋钻机成孔钻孔到设计标高后，停止钻进，压灌之前几分钟，应开动混凝土输送泵，提前将搅拌好的混凝土充满输送泵的料斗，同时备好一罐混凝土备用。

3）当钻杆芯管充满混合料后开始拔管，严禁先提管后泵料，成桩的提拔速度宜控制在每分钟 2～3m，施工桩顶高程宜高出设计桩顶标高不少于 0.5m，以保证桩顶混凝土强度达到设计要求。

4）如遇堵管或其他故障，应及时处理，若钻头提出原灌入混凝土料面，先将钻头盖进行闭合处理，再将钻头插入混凝土面下 1.0～2.0m 深度后再对桩体进行灌注。

5）CFG 桩成桩后达到一定强度（一般为 3～7d）时，先找出桩顶设计标高，然后用截桩设备将多余桩头切除，切后表面应平整，桩长必须不短于设计值。

6）确保桩长达到设计要求。通常设计要求 CFG 桩必须穿透软弱土层至硬底，对于下伏基岩段应嵌入全风化层不小于 1m。

（2）质量实测项目

CFG 桩实测项目见表 1.2.2-8。

<table>
<tr><td colspan="3" align="center">CFG 桩实测项目</td><td align="right">表 1.2.2-8</td></tr>
<tr><td>序号</td><td colspan="2">检查项目</td><td>允许偏差（mm）</td></tr>
<tr><td>1</td><td colspan="2">桩径</td><td>0，+50</td></tr>
<tr><td>2</td><td colspan="2">桩身强度</td><td>满足设计要求</td></tr>
<tr><td>3</td><td colspan="2">地基承载力</td><td>满足设计要求</td></tr>
<tr><td>4</td><td colspan="2">桩位偏差</td><td>50</td></tr>
<tr><td>5</td><td colspan="2">桩垂直度</td><td>≤1.0%</td></tr>
<tr><td>6</td><td colspan="2">桩长</td><td>≥设计值</td></tr>
<tr><td>7</td><td colspan="2">褥垫层夯填度</td><td>≤0.9（无量纲）</td></tr>
</table>

（3）优良工艺图例

优良工艺图例见图 1.2.2-37～图 1.2.2-40。

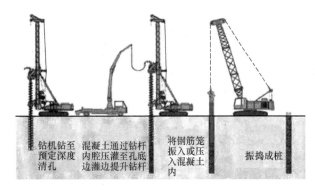

图 1.2.2-37　钻孔前检查设备

图 1.2.2-38　钻杆垂直

图 1.2.2-39　长螺旋钻机钻进

图 1.2.2-40　CFG 桩间距均匀

（4）质量问题图例

质量问题图例见图 1.2.2-41、图 1.2.2-42。

图 1.2.2-41　混凝土超灌偏多，造成浪费　　　图 1.2.2-42　桩顶标高偏低

1.2.3　路基防护

1. 砌体挡土墙

（1）工艺控制要点

1）砌筑前，应先将片石中的风化石，杂质等清理干净，砂浆拌合采用搅拌机拌合。

2）砌筑基础根据厚度的不同分两层或三层砌筑，每层砌筑的厚度 30～35cm，但分层不找平，使基础上下交错连成一体。

3）墙身分层砌筑且墙体较长时分段砌筑，分段位置设在沉降缝，两相邻工作段的砌筑高差不超过 2m。

4）各砌层都先砌外圈定位行列，然后砌里层，外圈与里层砌块要交错连成一体，将各部位用砂浆捣固密实，不出现空洞和砂浆不饱满现象。

5）墙身在高出地面以上部分，分层设置泄水孔。

6）砌体表面应勾缝，勾缝采用水泥砂浆，其强度等级比砌筑砂浆提高一个等级。勾缝应牢固结实，宽窄均匀，深浅一致，周边清洁，形式美观。

（2）质量实测项目

砌体挡土墙实测项目见表 1.2.3-1。

砌体挡土墙实测项目　　　　　　　　　　　表 1.2.3-1

序号	检查项目		允许偏差（mm）
1	砂浆强度（MPa）		在合格标准内
2	中线偏位		15
3	墙面垂直度		≤0.5%H，且≤30，H 为墙高
4	断面尺寸		≥设计值
5	顶面高程		±20
6	表面平整度 （mm）	块石、片石	≤30
		混凝土预制块、料石	≤5

（3）优良工艺图例

优良工艺图例见图 1.2.3-1～图 1.2.3-4。

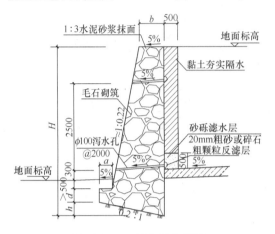

图 1.2.3-1 挡土墙大样图

图 1.2.3-2 挡土墙墙体施工

图 1.2.3-3 挡土墙墙面装饰

图 1.2.3-4 挡土墙泄水孔

（4）质量问题图例

质量问题图例见图 1.2.3-5～图 1.2.3-8。

图 1.2.3-5 墙面垂直度不满足设计要求

图 1.2.3-6 挡土墙勾缝不美观

图 1.2.3-7　砌筑砂浆不饱满　　　　图 1.2.3-8　挡墙出现裂缝

2. 钢筋混凝土挡土墙

（1）工艺控制要点

1）挡墙基槽开挖采用挖掘机及人工配合进行。在施工过程中，应根据实际需要设置排水沟及集水坑进行施工排水，保证工作面干燥以及基底不被水浸。

2）当挖基发现有淤泥层或软土层时，需进行换土处理，报请监理工程师及业主批准后，才进行施工。

3）开挖地基后采用打夯机夯实地基土，按设计要求施工碎石垫层和混凝土垫层。

4）现浇钢筋基础先安装基础钢筋，预埋墙身竖向钢筋，待基础浇筑混凝土完后且混凝土达到 2.5MPa 后，进行墙身钢筋安装。

5）按挡土墙基础分段长度，整段挡墙基础进行一次性浇筑混凝土。

6）挡土墙墙身与基础的结合面，应按施工缝处理。先安装墙身剩余钢筋，再安装墙身模板。墙身模板支撑牢固后，进行混凝土浇筑。混凝土浇筑完进行收浆后，应及时洒水养护。

7）挡土墙伸缩缝、沉降缝及泄水孔的处理应符合设计要求。

（2）质量实测项目

钢筋混凝土挡土墙实测项目见表 1.2.3-2。

钢筋混凝土挡土墙实测项目　　　　　　　　　　　　　　表 1. 2. 3-2

序号	检测项目		允许偏差（mm）
1	长度		±20
2	断面尺寸	厚度	±5
		高度	±5
3	垂直度		≤0.15%H，且≤10
4	外露面平整度		≤5
5	顶面高程		±5
6	泄水孔出水口、进水口	高程	±50
		间距	±200

注：表中 H 为墙高。

（3）优良工艺图例

优良工艺图例见图1.2.3-9～图1.2.3-12。

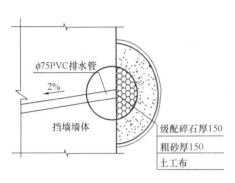

图1.2.3-9　挡土墙泄水管大样图

图1.2.3-10　墙身钢筋绑扎

图1.2.3-11　挡土墙安装模板

图1.2.3-12　挡土墙拆模后

（4）质量问题图例

质量问题图例见图1.2.3-13、图1.2.3-14。

图1.2.3-13　挡土墙麻面

图1.2.3-14　挡土墙漏设泄水孔

3. 加筋土挡土墙

（1）工艺控制要点

1）施工前应对筋带材料进行拉拔、剪切、延伸性能复试，其指标符合设计规定方可使用。采用钢质拉筋时，应按设计规定作防腐处理。

2）加筋土应按设计规定选土，施工前应对所用土料进行物理、力学试验，不得用白垩土、硅藻土及腐殖土等。

3）施工中应控制加筋土的填土层厚及压实度。每层虚铺厚度不宜大于 25cm，压实度应符合设计规定，且不得小于 95%。

4）筋带位置、数量必须符合设计规定。填土中设有土工布时，土工布搭接宽度宜为30～40cm，并应按设计要求留出折回长度。

5）施工中应对每层填土检测压实度，并按施工方案要求观测挡墙板位移。

6）挡土墙投入使用后，应对墙体变形进行观测，确认符合要求。

（2）质量实测项目

加筋土挡土墙实测项目见表 1.2.3-3。

加筋土挡土墙实测项目　　　　　　　　　　　　　　表 1.2.3-3

序号	检测项目	允许偏差（mm）
1	拉环、筋带的数量、安装位置	应符合设计要求，且粘结牢固
2	压实度	应符合设计要求
3	墙顶面高程	±10
4	墙面板每层顶面高程	±20
5	墙面板轴线偏位	30
6	墙面竖直度或坡度	±0.5%H

注：表中 H 为墙高。

（3）优良工艺图例

优良工艺图例见图 1.2.3-15～图 1.2.3-18。

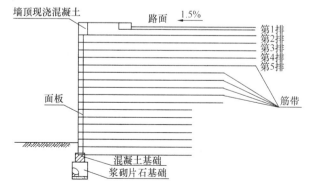

图 1.2.3-15　加筋挡土墙构造图

图 1.2.3-16　分层设置筋带

图 1.2.3-17　分层填土及压实　　　　图 1.2.3-18　加筋挡土墙路基完成后

（4）质量问题图例

质量问题图例见图 1.2.3-19～图 1.2.3-22。

图 1.2.3-19　土工织物铺设不平整　　　　图 1.2.3-20　筋带搭接不规范

图 1.2.3-21　土工格栅未搭接　　　　图 1.2.3-22　加筋挡土墙面板鼓出、失稳

4. 预制块坡面防护

（1）工艺控制要点

1）护坡施工前，其基底应稳定，坡面应平整密实。

2）砌筑的混凝土预制块护坡应与边坡密贴，无空洞。

3）混凝土预制块拼装排列应整齐、平顺、紧密、美观，并与坡面及相邻浆砌片石砌体衔接密贴、稳固。

4）预制块防护勾缝应于路堤已趋稳定后进行。

（2）质量实测项目

混凝土预制块防护实测项目见表 1.2.3-4。

混凝土预制块防护实测项目 表 1.2.3-4

序号	检测项目		允许偏差（mm）
1	坡顶高程		−20，0
2	坡率		±0.5%
3	护肩、镶边及基础厚度、宽度		≥设计值
4	反滤层、垫层厚度		≥设计值
5	坡面平整度		40
6	混凝土板外形尺寸	边长	±5
		对角线长	±5
		厚度	−2，+4

（3）优良工艺图例

优良工艺图例见图 1.2.3-23～图 1.2.3-26。

图 1.2.3-23 预制块坡面防护施工中

图 1.2.3-24 预制块坡面防护完成后

图 1.2.3-25 预制块铺筑平整、缝宽一致

图 1.2.3-26 坡面防护整体效果好

（4）质量问题图例

质量问题图例见图1.2.3-27、图1.2.3-28。

 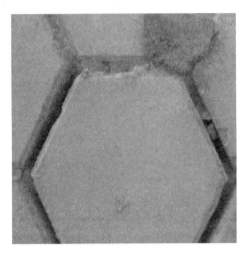

图1.2.3-27　坡面不平整　　　　　　图1.2.3-28　砂浆填缝不饱满

5. 三维网喷播植草坡面防护

（1）工艺控制要点

1）坡面应顺直、圆滑、平整且稳定，将坡面不稳定的石块或杂物清除，不得有松石、危石，边坡修整后凸出或凹进均不应大于10cm。

2）三维网垫沿坡面从上而下铺挂，两张网搭接不少于15cm，坡顶、坡脚及坡体两侧覆盖不小于1.0m。

3）土源需经过种植土破碎机械设备改良加工，控制好种植土的粒径大小和沙泥成分的比例，保证种植土的加工质量。基材与植被种子混合物按配比充分搅拌混合均匀。

4）喷播前应对坡面洒水浸润边坡，喷播时自上而下对坡面进行喷射，并尽可能保证喷出口与坡面垂直，采用喷射机喷射到需防护的工程坡面，并保持喷附面薄厚均匀。

5）草种播完后立即覆盖无纺布，并根据气候情况适当浇水以保持土壤湿润。养护期间应随时观察草坪的水肥情况。待草坪长至5cm左右时，即可揭开无纺布。

（2）质量实测项目

三维网喷播植草坡面防护实测项目见表1.2.3-5。

三维网喷播植草坡面防护实测项目　　　　　　　　　　表1.2.3-5

序号	检查项目	允许偏差（mm）
1	基材混合物喷射厚度	设计厚度±10
2	植物群落物种组成	满足设计要求
3	绿化面积	满足设计要求
4	植被覆盖度	≥95%

（3）优良工艺图例

优良工艺图例见图1.2.3-29～图1.2.3-32。

图 1.2.3-29　铺三维网

图 1.2.3-30　三维网效果图

图 1.2.3-31　喷播客土

图 1.2.3-32　坡面效果图

（4）质量问题图例

质量问题图例见图 1.2.3-33、图 1.2.3-34。

图 1.2.3-33　植物成活率低

图 1.2.3-34　整体发芽率低

6. 浆砌片石护面墙

（1）工艺控制要点

1）先铺设垫层，然后再砌筑片石。砌体采用挤浆法分层分段砌筑，相邻两段的高差不大于120cm。

2）砌缝应饱满、密实，相互错开，水平砌缝应大致水平，定位砌缝满铺砂浆，严禁镶嵌小石块。

3）勾缝应符合设计规定，一般在砌筑时留上2cm深的空缝，再用砂浆勾缝。

4）按设计要求的间距设置沉降缝，沉降缝要求整齐，从上到下需贯通，在缝内填塞防水材料。

5）砌体应及时覆盖，洒水养护，常温养护不少于7d。

（2）质量实测项目

浆砌片石护面墙实测项目见表1.2.3-6。

浆砌片石护面墙实测项目　　　　　　　　　　　　　表1.2.3-6

序号	检查项目	允许偏差（mm）
1	砂浆强度	≥设计强度
2	顶面高程	±20
3	底面高程	−20，0
4	坡度或垂直度	0.5%
5	断面尺寸	±50
6	墙面距路基中心线	±50
7	表面平整度	30

（3）优良工艺图例

优良工艺图例见图1.2.3-35～图1.2.3-38。

图1.2.3-35　分层砌筑

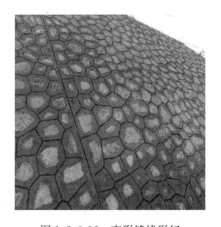

图1.2.3-36　变形缝线形好

图 1.2.3-37 护面墙平整

图 1.2.3-38 护面墙整体效果好

（4）质量问题图例

质量问题图例见图 1.2.3-39～图 1.2.3-42。

图 1.2.3-39 墙面不平整

图 1.2.3-40 墙面扭曲

图 1.2.3-41 外层石块砌筑缝过宽，外观差

图 1.2.3-42 护面墙整体垮塌

7. 锚杆框架梁坡面防护

（1）工艺控制要点

1）在修整边坡及清理表面松动岩石后，按设计角度进行锚杆钻孔，安装锚杆前再采用高压风清孔一次。

2）钢筋混凝土框架梁施工在锚杆施工完成后进行。钢筋绑扎前锚杆按要求进行拉拔试验。

3）根据框架梁设计宽度及嵌入边坡深度选择开挖方式，严格控制好开挖的宽度和深度，不得超挖和欠挖。

4）框架梁模板应满足强度、刚度和稳定性要求，成型符合图纸，拼缝严密不漏浆，符合设计要求并美观。

5）浇筑框架梁混凝土必须连续作业，边浇筑边振捣。浇筑过程中如有混凝土滑动迹象可采取速凝或早强混凝土或用盖模压住。

（2）质量实测项目

锚杆框架梁坡面实测项目见表1.2.3-7。

锚杆框架梁坡面实测项目　　　　　　　　　　　表 1.2.3-7

序号	检查项目	允许偏差（mm）
1	锚杆间距	±50
2	喷层厚度	≥设计值
3	锚墩尺寸	+10，-5
4	框格梁、地梁、边梁、断面尺寸	≥设计值
5	框格梁、地梁、边梁、平面位置	±100

（3）优良工艺图例

优良工艺图例见图1.2.3-43～图1.2.3-46。

图 1.2.3-43　框架梁木模板

图 1.2.3-44　框架梁钢模板

图 1.2.3-45　框架梁浇筑混凝土

图 1.2.3-46　框架梁效果图

（4）质量问题图例

质量问题图例见图 1.2.3-47、图 1.2.3-48。

图 1.2.3-47　漏浆

图 1.2.3-48　振捣不密实

1.2.4　路基排水

1. 浆砌排水沟、截水沟

（1）工艺控制要点

1）土沟不得超挖，沟底、边坡应夯实，严禁用虚土贴底、贴坡。沟底应平整，无反坡、凹兜现象。

2）应采用坐浆法进行施工，严禁采用灌浆法进行施工。片石、砌体在使用前必须浇水湿润，表面如有泥土、水锈，应清洗干净。

3）边墙应分层砌筑，砌筑上层块时，应避免振动下层砌块。砌筑工作中断后恢复砌筑时，已砌筑的砌层表面应加以清扫和湿润。边坡侧墙应表面平整，与其他排水设施的衔接应平顺。

4）勾缝砂浆强度不低于砌体砂浆强度。勾缝前应将石面清理干净，勾缝宽度应均匀，勾缝深度不小于 20mm，不得有脱落、漏勾。

（2）质量实测项目

浆砌排水沟、截水沟实测项目见表 1.2.4-1。

浆砌排水沟、截水沟实测项目　　　　　　　　　　　　表 1.2.4-1

序号	检查项目	允许偏差（mm）
1	轴线偏位	50
2	沟底高程	±15
3	墙面直顺度或坡度	30 或符合设计要求
4	断面尺寸	±30
5	铺砌厚度	≥设计值
6	基础垫层宽、厚	≥设计值

（3）优良工艺图例

优良工艺图例见图1.2.4-1～图1.2.4-4。

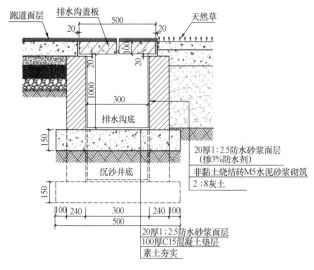

图1.2.4-1　砖砌排水沟剖面图　　　　图1.2.4-2　砖砌排水沟成品图

图1.2.4-3　砌石排水沟　　　　　　图1.2.4-4　砌石截水沟

（4）质量问题图例

质量问题图例见图1.2.4-5、图1.2.4-6。

图1.2.4-5　排水沟不顺直　　　　　图1.2.4-6　砌筑砂浆强度不足

2. 现浇混凝土排水沟

（1）工艺控制要点

1）按设计图纸进行测量放线，定出开挖边界线，标明开挖深度坡率，放出基坑边缘、坡口、坡角、边沟等，标明其轮廓。

2）基坑开挖前，做好顶部截水沟，同时做好施工现场排水，保证排水畅通，确保基坑无积水。

3）混凝土排水沟的模板选用具有足够的强度、刚度和耐久性的钢模板。弯道边板的模板，采用坚实、变形小及无裂纹的木模板。

4）浇筑混凝土时为防止混凝土分层离析，混凝土由料斗内卸出时，其倾浇高度不得超过 2m。

5）拆模时避免损伤已浇筑混凝土；注意混凝土养护工作。

（2）质量实测项目

现浇混凝土排水沟实测项目见表 1.2.4-2。

现浇混凝土排水沟实测项目　　　　　　　表 1.2.4-2

序号	检查项目	允许偏差（mm）
1	混凝土强度（MPa）	在合格标准内
2	轴线偏位	50
3	沟底高程	±10
4	墙面直顺度或坡度	10 或符合设计要求
5	断面尺寸	±10
6	基础垫层宽、厚	≥设计值

（3）优良工艺图例

优良工艺图例见图 1.2.4-7～图 1.2.4-10。

图 1.2.4-7　排水沟模板安装

图 1.2.4-8　排水沟混凝土浇筑

图 1.2.4-9　排水沟拆模

图 1.2.4-10　排水沟盖板

（4）质量问题图例

质量问题图例见图 1.2.4-11、图 1.2.4-12。

图 1.2.4-11　混凝土振捣不密实

图 1.2.4-12　盖板安装不平整

1.3　道路基层工程

1.3.1　级配碎石基层

（1）工艺控制要点

1）下承层应平整、坚实，满足设计要求。级配碎石的颗粒范围应符合相关要求。

2）摊铺级配碎石的含水量等于或略大于最佳含水量，立即用 12t 以上压路机进行碾压。碾压过程中，应注意观察，随时适当补水，保持湿润，不得积水。

3）每层摊铺的厚度不宜超过 30cm，碎石层摊铺均可一致。

4）碾压时应自路边向路中依次碾压，碾压速度不宜过快。

5）级配碎石基层未洒透层沥青或未铺封层时，禁止开放交通。

（2）质量实测项目

级配碎石（碎砾石）基层和底基层允许偏差见表 1.3.1-1。

级配碎石（碎砾石）基层和底基层允许偏差　　　　　　表 1.3.1-1

序号	项目		允许偏差（mm）
1	厚度		0，+20
2	平整度	基层	≤10
		底基层	≤15
3	宽度		≥设计要求施工时必要的附加宽度
4	中线偏位		≤20
5	纵断高程	基层	±15
		底基层	±20
6	横坡		±0.3%且不反坡

（3）优良工艺图例

优良工艺图例见图 1.3.1-1～图 1.3.1-4。

图 1.3.1-1　分层填筑平整

图 1.3.1-2　分层碾压

图 1.3.1-3　压实度检测

图 1.3.1-4　弯沉检测

（4）质量问题图例

质量问题图例见图 1.3.1-5、图 1.3.1-6。

图 1.3.1-5 拌合不均含泥量大   图 1.3.1-6 表面松散压实效果差

1.3.2 水泥稳定粒料基层

（1）工艺控制要点

1）混合料配合比应符合要求，计量准确；含水量应符合施工要求，并搅拌均匀；水泥稳定土类材料运输时，应采取措施防止水分损失。

2）施工前应通过试验确定压实系数。水泥土的压实系数宜为 1.53～1.58；水泥稳定砂砾的压实系数宜为 1.30～1.35。

3）水泥稳定土类材料自搅拌至摊铺完成，不应超过 3h。应按当班施工长度计算用料量。

4）分层摊铺时，应在下层养护 7d 后，方可摊铺上层材料。

5）宜采用 12～18t 压路机作初步稳定碾压，混合料初步稳定后用大于 18t 的压路机碾压，压至表面平整、无明显轮迹，且达到要求的压实度。

6）基层宜采用洒水养护，保持湿润。采用乳化沥青养护，应在其上撒上适量石屑；养护期应封闭交通；常温下成活后应经 7d 的养护，方可在其上铺筑面层。

（2）质量实测项目

水泥稳定粒料基层实测项目见表 1.3.2-1。

水泥稳定粒料基层实测项目   表 1.3.2-1

序号	项目		允许偏差（mm）
1	中线偏位		≤20
2	纵断高程	基层	±15
		底基层	±20
3	平整度	基层	≤10
		底基层	≤15
4	宽度		≥设计要求施工时必要的附加宽度
5	横坡		±0.3%且不反坡
6	厚度		±10

（3）优良工艺图例

优良工艺图例见图 1.3.2-1～图 1.3.2-4。

图 1.3.2-1　摊铺平整

图 1.3.2-2　压实后的稳定层坚实

图 1.3.2-3　压实平整

图 1.3.2-4　压实平整效果好

（4）质量问题图例

质量问题图例见图 1.3.2-5～图 1.3.2-8。

图 1.3.2-5　碾压过程产生裂缝

图 1.3.2-6　表面裂缝

图 1.3.2-7 碾压不够密实

图 1.3.2-8 水泥稳定粒料松散

1.4 道路面层工程

1.4.1 沥青混凝土面层

（1）工艺控制要点

1）开工前做好原材料、设备的检验检查及沥青混合料目标配合比的设计工作。

2）正式施工前应进行试拌合试铺对施工工艺进行验证并形成总结，根据总结成果优化进行沥青混合料大面积摊铺施工。

3）沥青混合料到达施工现场后应逐车对搅拌质量与温度进行复核，合格后方可投入使用。

4）沥青混合料的摊铺宜尽量采用多机全幅摊铺，减少路面施工接缝；摊铺应均匀、连续，速度宜为 2～6m/min，摊铺前熨平板应充分预热。

5）沥青混合料的碾压应在温度满足规范要求并在混合料稳定、不产生推移的情况下尽早开始，碾压应以慢而均匀的速度进行，不得漏压；大型压路机难以碾压的部位宜采用小型压实工具进行压实。

6）沥青混合料面层的施工接缝应做到紧密、平顺。

（2）质量实测项目

沥青混合料面层实测项目见表 1.4.1-1。

沥青混合料面层实测项目
表 1.4.1-1

序号	检查项目			允许偏差（mm）
1	压实度			≥96%
2	厚度			−5，+10
3	纵断高程			±15
4	中线偏位			≤20
5	平整度	标准差值	快速路、主干路	≤1.5
			次干路、支路	≤2.4
		最大间隙	次干路、支路	≤5
6	宽度			≥设计值
7	横坡			±0.3%且不反坡
8	井框与路面高差			≤5
9	抗滑	摩擦系数		符合设计要求
10		构造深度		符合设计要求

（3）优良工艺图例

优良工艺图例见图 1.4.1-1～图 1.4.1-4。

图 1.4.1-1 沥青摊铺

图 1.4.1-2 沥青碾压

图 1.4.1-3 沥青摊铺纵向接缝

图 1.4.1-4 封层洒布

（4）质量问题图例

质量问题图例见图 1.4.1-5～图 1.4.1-12。

图 1.4.1-5 混合料离析

图 1.4.1-6 松散

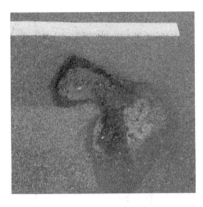

图 1.4.1-7　坑槽

图 1.4.1-8　路面破碎

图 1.4.1-9　推移、沉陷、波浪

图 1.4.1-10　车辙

图 1.4.1-11　接缝处理不当

图 1.4.1-12　检查井处理不当

1.4.2 水泥混凝土面层

（1）工艺控制要点

1）施工前按设计规定划分混凝土板块，板块划分应从路口开始，避免出现锐角。

2）模板宜采用钢模板，弯道等非标准部位以及小型工程可采用木模板。

3）当侧模安装完毕后，即在需要安装传力杆位置上安装传力杆。当混凝土板连续浇筑时，可采用钢筋支架法安设传力杆。

4）混凝土摊铺应严格控制运输距离和时间避免出现离析，混凝土运至现场应进行坍落度检查，不合格或出现离析不得使用，严禁现场加水搅拌混凝土。

5）混凝土摊铺宜采用轨道摊铺机或三辊轴摊铺机铺筑，混凝土应充分振捣密实，混凝土表面应按照要求拉毛、压痕或刻痕；并按要求及时进行横向缩缝的切缝。

（2）质量实测项目

水泥混凝土面层实测项目见表1.4.2-1。

水泥混凝土面层实测项目 表1.4.2-1

序号	检查项目		允许偏差（mm）
1	抗折强度（MPa）		≥设计值
2	板厚度	代表值	≥设计值
		合格值	−10
3	平整度	标准差	≤1.2
		最大间隙	≤3
4	相邻板高差		≤2
5	路面宽度		±20
6	纵、横缝直顺度		≤10
7	纵断高程		±10
8	中线平面偏位		≤20
9	抗滑构造深度		一般路段≥0.7且≤1.1； 特殊路段≥0.8且≤1.2
10	横坡		±0.15%

（3）优良工艺图例

优良工艺图例见图1.4.2-1～图1.4.2-4。

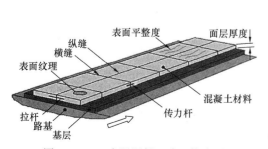

图1.4.2-1 水泥混凝土路面构造图

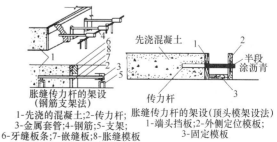

胀缝传力杆的架设
（钢筋支架法）
1-先浇的混凝土；2-传力杆；
3-金属套管；4-钢筋；5-支架；
6-牙缝板条；7-嵌缝板；8-胀缝模板

胀缝传力杆的架设（顶头模架设法）
1-端头挡板；2-外侧定位模板；
3-固定模板

图1.4.2-2 传力杆安装大样

图 1.4.2-3　保湿膜覆盖洒水养护

图1.4.2-4　混凝土路面铺筑（传力杆处不漏浆）

（4）质量问题图例

质量问题图例见图 1.4.2-5～图 1.4.2-8。

图 1.4.2-5　裂缝

图 1.4.2-6　错台

图 1.4.2-7　唧泥

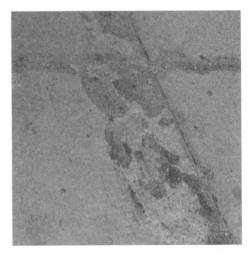
图 1.4.2-8　剥落

44

1.5　道路附属工程

1.5.1　人行道面板

（1）工艺控制要点

1）人行道板要求方正，无蜂窝、露石、脱皮、裂缝等现象，棱角无缺，顶面均匀细密，其尺寸允许偏差在 2mm 以内。

2）人行道应与相邻构筑物接顺，不得反坡。

3）有特殊要求的人行道应按设计要求及现场条件制定铺装方案。

4）行进盲道砌块与提示盲道砌块不得混用；盲道必须避开树池、检查井、杆线等障碍物；路口处盲道应铺设为无障碍形式。

（2）质量实测项目

预制人行道板铺砌实测项目见表 1.5.1-1。

<table>
<tr><td colspan="3">预制人行道板铺砌实测项目</td><td>表 1.5.1-1</td></tr>
<tr><td>序号</td><td>检查项目</td><td colspan="2">允许偏差（mm）</td></tr>
<tr><td>1</td><td>平整度</td><td colspan="2">≤5</td></tr>
<tr><td>2</td><td>横坡（%）</td><td colspan="2">±0.3% 且不返坡</td></tr>
<tr><td>3</td><td>井框与面层高差</td><td colspan="2">≤4</td></tr>
<tr><td>4</td><td>相邻块高差</td><td colspan="2">≤3</td></tr>
<tr><td>5</td><td>纵缝、横缝直顺</td><td colspan="2">≤10</td></tr>
<tr><td>6</td><td>缝宽</td><td colspan="2">−2，+3</td></tr>
</table>

（3）优良工艺图例

优良工艺图例见图 1.5.1-1～图 1.5.1-4。

图 1.5.1-1　洒水养护

图 1.5.1-2　铺设效果

图 1.5.1-3　花岗岩石板人行道

图 1.5.1-4　水泥块人行道

（4）质量问题图例

质量问题图例见图 1.5.1-5～图 1.5.1-10。

图 1.5.1-5　路面沉陷

图 1.5.1-6　路面板移位

图 1.5.1-7　人行道凹凸不平、局部沉降积水严重

图 1.5.1-8　面板隆起、翘起

图 1.5.1-9　广场砖面板泛碱 1

图 1.5.1-10　广场砖面板泛碱 2

1.5.2　侧平石

（1）工艺控制要点

1）侧平石安装前应先铺设 15cm 厚（C20 混凝土垫层），侧平石在曲线处外形圆滑，顶角线圆滑平顺，无凹进凸出、高低错牙现象。平石没有阻水现象。

2）侧石施工应根据施工图确定的侧平石平面位置和顶点标高排砌。相领侧石接缝必须平齐，缝宽为 1cm。

3）平石施工应按平石和侧石错缝对中相接，平石间缝宽为 1cm，与侧石的隙缝不大于 1cm。平石与路面接缝边线必须顺直。

4）侧平石灌缝：用水泥砂浆，灌浆必须饱满嵌实。平石勾缝以平缝为宜，侧石勾缝为凹缝，深度为 0.5cm。砂浆初凝后，扫除多余灰浆，达到整齐、美观，并适当洒水养护，一般不小于 3d。

（2）质量实测项目

侧平石安装实测项目见表 1.5.2-1。

侧平石安装实测项目　　　　　　　　　　　　表 1.5.2-1

序号	项目	允许偏差（mm）
1	直顺度	10
2	相邻块高差	3
3	缝宽	±3
4	侧石顶面高程	±10

（3）优良工艺图例

优良工艺图例见图 1.5.2-1～图 1.5.2-4。

图 1.5.2-1 侧石线性直顺

图 1.5.2-2 侧平石安装清理

图 1.5.2-3 路缘石铺砌平整、接缝一致

图 1.5.2-4 道路立路缘石没有出现下沉、错位

（4）质量问题图例

质量问题图例见图 1.5.2-5～图 1.5.2-8。

图 1.5.2-5 侧平石底部脱空

图 1.5.2-6 转角处衔接不顺

图 1.5.2-7　相邻平、侧石接缝太宽

图 1.5.2-8　道路立缘石沉降不均、高低不平

1.5.3　树池

（1）工艺控制要点

1）树池边框、树箅均应按设计要求进行施工，而且与人行道砖平齐或凸出高度一致。

2）树池与步道同步施工，应先放混凝土树池位置，再根据图纸排好方砖大样。以保证方砖铺砌缝隙均匀一致。

3）树池边框进场前除出具生产合格证外，应严格进行质量检查，对其几何尺寸、强度、外观进行抽样检测，合格者方可使用。

4）树池必须挂线操作，以两侧路缘石顶为准挂纵向与横向高程线，按设计图纸要求安铸铁树池边框，要求其位置准确，外形方正，顶面与步道方砖平齐。

（2）质量实测项目

树池实测项目见表 1.5.3-1。

树池实测项目　　　　　　　　　　　　　　　　表 1.5.3-1

序号	项目	允许偏差（mm）
1	轴线位置	50
2	边框顶面高程	±20
3	边框错台	3
4	树箅平整度	5

（3）优良工艺图例

优良工艺图例见图 1.5.3-1～图 1.5.3-4。

图 1.5.3-1　树池砌筑施工 1

图 1.5.3-2　树池砌筑施工 2

图 1.5.3-3　树池砌筑效果图 1

图 1.5.3-4　树池砌筑效果图 2

（4）质量问题图例

质量问题图例见图 1.5.3-5、图 1.5.3-6。

图 1.5.3-5　树池内填土过多

图 1.5.3-6　树池边框顶面高出路面高度不足

1.5.4　雨水口、收水口

（1）工艺控制要点

1）雨水口基底应坚实，现浇混凝土基础应振捣密实。

2）砌筑雨水口时，其井壁表面应平整，砌筑砂浆应饱满，勾缝应平顺。

3）雨水口内的雨水管端面应高出井内壁，其露出坡度不应大于 2cm。

4）井箅安装应配合路缘石的施工，井箅应安装平稳。

（2）质量实测项目

雨水口、收水口实测项目见表 1.5.4-1。

雨水口、收水口实测项目　　　　　　　　　　　表 1.5.4-1

序号	项目	允许偏差（mm）
1	井框与井壁吻合	≤10
2	井框与侧石（周边路面）吻合	≤10
3	井口高程	±20
4	雨水口与路边线间距	≤20
5	井内尺寸	0，+20

（3）优良工艺图例

优良工艺图例见图 1.5.4-1～图 1.5.4-4。

图 1.5.4-1　雨水口质量效果好

图 1.5.4-2　收水口质量效果好

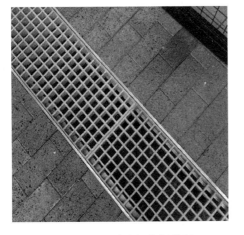

图 1.5.4-3　玻璃钢格栅盖板

图 1.5.4-4　不锈钢格栅盖板

（4）质量问题图例

质量问题图例见图 1.5.4-5、图 1.5.4-6。

图 1.5.4-5　雨水口边框未与侧石对齐　　　　图 1.5.4-6　雨水口周边混凝土损坏

第2章 桥 梁 工 程

2.1 桥梁工程技术标准及质量控制重点

2.1.1 施工及验收技术标准

1. 《混凝土结构工程施工质量验收规范》GB 50204—2015
2. 《钢结构工程施工质量验收标准》GB 50205—2020
3. 《钢结构现场检测技术标准》GB/T 50621—2010
4. 《钢结构焊接规范》GB 50661—2011
5. 《混凝土结构工程施工规范》GB 50666—2011
6. 《钢结构工程施工规范》GB 50755—2012
7. 《工程结构通用规范》GB 55001—2021
8. 《建筑与市政工程抗震通用规范》GB 55002—2021
9. 《建筑与市政地基基础通用规范》GB 55003—2021
10. 《组合结构通用规范》GB 55004—2021
11. 《木结构通用规范》GB 55005—2021
12. 《钢结构通用规范》GB 55006—2021
13. 《砌体结构通用规范》GB 55007—2021
14. 《混凝土结构通用规范》GB 55008—2021
15. 《城市道路交通工程项目规范》GB 55011—2021
16. 《城市桥梁工程施工与质量验收规范》CJJ 2—2008
17. 《钢筋焊接及验收规程》JGJ 18—2012
18. 《钢结构高强度螺栓连接技术规程》JGJ 82—2011
19. 《公路工程质量检验评定标准 第一册 土建工程》JTG F80/1—2017
20. 《公路桥涵施工技术规范》JTG/T 3650—2020

2.1.2 规范标准强制性条文

1. 《建筑与市政地基基础通用规范》GB 55003—2021

2.1.6 地基基础工程施工应采用经质量检验合格的材料、构件和设备，应根据设计要求和工程需要制定施工方案，并进行工程施工质量控制和工程监测。工程监测应确保数据的完整性、真实性和可靠性。

2.1.7 地基基础工程施工应采取措施控制振动、噪声、扬尘、废水、废弃物以及有毒有害物质对工程场地、周边环境和人身健康的危害。

2.1.8 当地下水位变化对建设工程及周边环境安全产生不利影响时，应采取安全、有效的处置措施。

2.1.9 地下水控制工程应采取措施防止地下水水质恶化，不得造成不同水质类别地下水的混融；且不得危及周边建（构）筑物、地下管线、道路、城市轨道交通等市政设施的安全，影响其正常使用。

2.3.1 地基基础工程施工前，应编制施工组织设计或专项施工方案。

2.3.2 地基基础工程施工应采取保证工程安全、人身安全、周边环境安全与劳动防护、绿色施工的技术措施与管理措施。

2.3.3 地基基础工程施工过程中遇有文物、化石、古迹遗址或遇到可能危及安全的危险源等，应立即停止施工和采取保护措施，并报有关部门处理。

2.3.4 地基基础工程施工应根据设计要求或工程施工安全的需要，对涉及施工安全、周边环境安全，以及可能对人身财产安全造成危害的对象或被保护对象进行工程监测。

2.3.5 地基基础工程施工质量控制及验收，应符合下列规定：

1 对施工中使用的材料、构件和设备应进行检验，材料、构件以及试块、试件等应有检验报告；

2 各施工工序应进行质量自检，施工工序之间应进行交接质量检验；

3 质量验收应在自检合格的基础上进行，隐蔽工程在隐蔽前应进行验收，并形成检查或验收文件。

5.4.1 桩基工程施工应符合下列规定：

1 桩基施工前，应编制桩基工程施工组织设计或桩基工程施工方案，其内容应包括：桩基施工技术参数、桩基施工工艺流程、桩基施工方法、桩基施工安全技术措施、应急预案、工程监测要求等；

2 桩基施工前应进行工艺性试验确定施工技术参数；

3 混凝土预制桩和钢桩的起吊、运输和堆放应符合设计要求，严禁拖拉取桩；

4 锚杆静压桩利用锚固在基础底板或承台上的锚杆提供压桩力时，应对基础底板或承台的承载力进行验算；

5 在湿陷性黄土场地、膨胀土场地进行灌注桩施工时，应采取防止地表水、场地雨水渗入桩孔内的措施；

6 在季节性冻土地区进行桩基施工时，应采取防止或减小桩身与冻土之间产生切向冻胀力的防护措施。

5.4.2 下列桩基工程应在施工期间及使用期间进行沉降监测，直至沉降达到稳定标准为止：

1 对桩基沉降有控制要求的桩基；

2 非嵌岩桩和非深厚坚硬持力层的桩基；

3 结构体形复杂、荷载分布不均匀或桩端平面下存在软弱土层的桩基；

4 施工过程中可能引起地面沉降、隆起、位移、周边建（构）筑物和地下管线变形、地下水位变化及土体位移的桩基。

5.4.3 桩基工程施工验收检验，应符合下列规定：

1 施工完成后的工程桩应进行竖向承载力检验，承受水平力较大的桩应进行水平承载力检验，抗拔桩应进行抗拔承载力检验；

2　灌注桩应对孔深、桩径、桩位偏差、桩身完整性进行检验，嵌岩桩应对桩端的岩性进行检验，灌注桩混凝土强度检验的试件应在施工现场随机留取；

3　混凝土预制桩应对桩位偏差、桩身完整性进行检验；

4　钢桩应对桩位偏差、断面尺寸、桩长和矢高进行检验；

5　人工挖孔桩终孔时，应进行桩端持力层检验；

6　单柱单桩的大直径嵌岩桩，应视岩性检验孔底下 3 倍桩身直径或 5m 深度范围内有无溶洞、破碎带或软弱夹层等不良地质条件。

注：由于《建筑与市政地基基础通用规范》GB 55003—2021 的颁布，原如下强条废止：

（1）《建筑地基基础工程施工质量验收标准》GB 50202—2018 第 5.1.3 条；

（2）《建筑地基基础工程施工规范》GB 51004—2015 第 5.5.8、5.11.4、6.1.3、6.9.8 条；

（3）《建筑桩基技术规范》JGJ 94—2008 第 3.1.3、3.1.4、5.2.1、5.4.2、5.5.1、5.5.4、5.9.6、5.9.9、5.9.15、8.1.5、8.1.9、9.4.2 条；

（4）《建筑基桩检测技术规范》JGJ 106—2014 第 4.3.4、9.2.3、9.2.5、9.4.5 条；

（5）《建筑与市政工程地下水控制技术规范》JGJ 111—2015 第 3.1.9 条；

（6）《建筑基坑支护技术规程》JGJ 120—2012 第 3.1.2、8.1.3、8.1.4、8.1.5、8.2.2 条。

2.《钢结构通用规范》GB 55006—2021

2.0.5　当施工方法对结构的内力和变形有较大影响时，应进行施工方法对主体结构影响的分析，并应对施工阶段结构的强度、稳定性和刚度进行验算。

3.0.1　钢结构工程所选用钢材的牌号、技术条件、性能指标均应符合国家现行有关标准的规定。

3.0.2　钢结构承重构件所用的钢材应具有屈服强度，断后伸长率，抗拉强度和硫、磷含量的合格保证，在低温使用环境下尚应具有冲击韧性的合格保证；对焊接结构尚应具有碳或碳当量的合格保证。铸钢件和要求抗层状撕裂（Z 向）性能的钢材尚应具有断面收缩率的合格保证。焊接承重结构以及重要的非焊接承重结构所用的钢材，应具有弯曲试验的合格保证；对直接承受动力荷载或需进行疲劳验算的构件，其所用钢材尚应具有冲击韧性的合格保证。

3.0.4　工程用钢材与连接材料应规范管理，钢材与连接材料应按设计文件的选材要求订货。

7.1.1　构件工厂加工制作应采用机械化与自动化等工业化方式，并应采用信息化管理。

7.1.2　高强度大六角头螺栓连接副和扭剪型高强度螺栓连接副出厂时应分别随箱带有扭矩系数和紧固轴力（预拉力）的检验报告，并应附有出厂质量保证书。高强度螺栓连接副应按批配套进场并在同批内配套使用。

7.1.3　高强度螺栓连接处的钢板表面处理方法与除锈等级应符合设计文件要求。摩擦型高强度螺栓连接摩擦面处理后应分别进行抗滑移系数试验和复验，其结果应达到设计文件中关于抗滑移系数的指标要求。

7.1.4　钢结构安装方法和顺序应根据结构特点、施工现场情况等确定，安装时应形成稳固的空间刚度单元。测量、校正时应考虑温度、日照和焊接变形等对结构变形的影响。

7.1.5 钢结构吊装作业必须在起重设备的额定起重量范围内进行。用于吊装的钢丝绳、吊装带、卸扣、吊钩等吊具应经检验合格，并应在其额定许用荷载范围内使用。

7.1.6 对于大型复杂钢结构，应进行施工成形过程计算，并应进行施工过程监测；索膜结构或预应力钢结构施工张拉时应遵循分级、对称、匀速、同步的原则。

7.1.7 钢结构施工方案应包含专门的防护施工内容，或编制防护施工专项方案，应明确现场防护施工的操作方法和环境保护措施。

7.2.1 钢结构焊接材料应具有焊接材料厂出具的产品质量证明书或检验报告。

7.2.2 首次采用的钢材、焊接材料、焊接方法、接头形式、焊接位置、焊后热处理制度以及焊接工艺参数、预热和后热措施等各种参数的组合条件，应在钢结构构件制作及安装施工之前按照规定程序进行焊接工艺评定，并制定焊接操作规程，焊接施工过程应遵守焊接操作规程规定。

7.2.3 全部焊缝应进行外观检查。要求全焊透的一级、二级焊缝应进行内部缺陷无损检测，一级焊缝探伤比例应为100%，二级焊缝探伤比例应不低于20%。

7.2.4 焊接质量抽样检验结果判定应符合以下规定：

1 除裂纹缺陷外，抽样检验的焊缝数不合格率小于2%时，该批验收合格；抽样检验的焊缝数不合格率大于5%时，该批验收不合格；抽样检验的焊缝数不合格率为2%～5%时，应按不少于2%探伤比例对其他未检焊缝进行抽检，且必须在原不合格部位两侧的焊缝延长线各增加一处，在所有抽检焊缝中不合格率不大于3%时，该批验收合格，大于3%时，该批验收不合格。

2 当检验有1处裂纹缺陷时，应加倍抽查，在加倍抽检焊缝中未再检查出裂纹缺陷时，该批验收合格；检验发现多处裂纹缺陷或加倍抽查又发现裂纹缺陷时，该批验收不合格，应对该批余下焊缝的全数进行检验。

3 批量验收不合格时，应对该批余下的全部焊缝进行检验。

7.3.1 钢结构防腐涂料、涂装遍数、涂层厚度均应符合设计和涂料产品说明书要求。当设计对涂层厚度无要求时，涂层干漆膜总厚度：室外应为150μm，室内应为125μm，其允许偏差为-25μm。检查数量与检验方法应符合下列规定：

1 按构件数抽查10%，且同类构件不应少于3件；

2 每个构件检测5处，每处数值为3个相距50mm测点涂层干漆膜厚度的平均值。

7.3.2 膨胀型防火涂料的涂层厚度应符合耐火极限的设计要求。非膨胀型防火涂料的涂层厚度，80%及以上面积应符合耐火极限的设计要求，且最薄处厚度不应低于设计要求的85%。检查数量按同类构件数抽查10%，且均不应少于3件。

注：由于《钢结构通用规范》GB 55006—2021的颁布，原如下强条废止：

(1)《钢结构工程施工质量验收标准》GB 50205—2020第4.2.1、4.3.1、4.4.1、4.5.1、4.6.1、4.7.1、5.2.4、6.3.1、8.2.1、11.4.1、13.2.3、13.4.3条；

(2)《钢结构焊接规范》GB 50661—2011第4.0.1、5.7.1、6.1.1、8.1.8条；

(3)《钢结构工程施工规范》GB 50775—2012第11.2.4、11.2.6条；

(4)《钢结构高强度螺栓连接技术规程》JGJ 82—2011第3.1.7、4.3.1、6.1.2、6.2.6、6.4.5、6.4.8条。

3. 《混凝土结构通用规范》GB 55008—2021

2.0.10　混凝土结构中的普通钢筋、预应力筋应设置混凝土保护层，混凝土保护层厚度应符合下列规定：

1　满足普通钢筋、有粘结预应力筋与混凝土共同工作性能要求；

2　满足混凝土构件的耐久性能及防火性能要求；

3　不应小于普通钢筋的公称直径，且不应小于 15mm。

2.0.11　当施工中进行混凝土结构构件的钢筋、预应力筋代换时，应符合设计规定的构件承载能力、正常使用、配筋构造及耐久性能要求，并应取得设计变更文件。

3.3.1　预应力筋-锚具组装件静载锚固性能应符合下列规定：

1　组装件实测极限抗拉力不应小于母材实测极限抗拉力的 95%；

2　组装件总伸长率不应小于 2.0%。

3.3.2　钢筋机械连接接头的实测极限抗拉强度应符合表 3.3.2 的规定。

表 3.3.2　接头的实测极限抗拉强度

接头等级	Ⅰ 级	Ⅱ 级	Ⅲ 级
接头的实测极限抗拉强度 f^0_{mst}	$f^0_{mst} \geqslant f_{stk}$ 钢筋拉断；或 $f^0_{mst} \geqslant 1.10 f_{stk}$ 连接件破坏	$f^0_{mst} \geqslant f_{stk}$	$f^0_{mst} \geqslant 1.25 f_{yk}$

注：1. 表中 f_{stk} 为钢筋极限抗拉强度标准值，f_{yk} 为钢筋屈服强度标准值；

2. 连接件破坏指断于套筒、套筒纵向开裂或钢筋从套筒中拔出以及其他形式的连接组件破坏。

3.3.3　钢筋套筒灌浆连接接头的实测极限抗拉强度不应小于连接钢筋的抗拉强度标准值，且接头破坏应位于套筒外的连接钢筋。

5.1.1　混凝土结构工程施工应确保实现设计要求，并应符合下列规定：

1　应编制施工组织设计、施工方案并实施；

2　应制定资源节约和环境保护措施并实施；

3　应对已完成的实体进行保护，且作用在已完成实体上的荷载不应超过规定值。

5.1.2　材料、构配件、器具和半成品应进行进场验收，合格后方可使用。

5.1.3　应对隐蔽工程进行验收并做好记录。

5.1.4　模板拆除、预制构件起吊、预应力筋张拉和放张时，同条件养护的混凝土试件应达到规定强度。

5.1.5　混凝土结构的外观质量不应有严重缺陷及影响结构性能和使用功能的尺寸偏差。

5.1.6　应对涉及混凝土结构安全的代表性部位进行实体质量检验。

5.2.1　模板及支架应根据施工过程中的各种控制工况进行设计，并应满足承载力、刚度和整体稳固性要求。

5.2.2　模板及支架应保证混凝土结构和构件各部分形状、尺寸和位置准确。

5.3.1　钢筋机械连接或焊接连接接头试件应从完成的实体中截取，并应按规定进行性能检验。

5.3.2　锚具或连接器进场时，应检验其静载锚固性能。由锚具或连接器、锚垫板和局部加强钢筋组成的锚固系统，在规定的结构实体中，应能可靠传递预加力。

5.3.3　钢筋和预应力筋应安装牢固、位置准确。

5.3.4　预应力筋张拉后应可靠锚固，且不应有断丝或滑丝。

5.3.5　后张预应力孔道灌浆应密实饱满，并应具有规定的强度。

5.4.1　混凝土运输、输送、浇筑过程中严禁加水；运输、输送、浇筑过程中散落的混凝土严禁用于结构浇筑。

5.4.2　应对结构混凝土强度等级进行检验评定，试件应在浇筑地点随机抽取。

5.4.3　结构混凝土浇筑应密实，浇筑后应及时进行养护。

5.4.4　大体积混凝土施工应采取混凝土内外温差控制措施。

5.5.1　预制构件连接应符合设计要求，并应符合下列规定：

1　套筒灌浆连接接头应进行工艺检验和现场平行加工试件性能检验；灌浆应饱满密实。

2　浆锚搭接连接的钢筋搭接长度应符合设计要求，灌浆应饱满密实。

3　螺栓连接应进行工艺检验和安装质量检验。

4　钢筋机械连接应制作平行加工试件，并进行性能检验。

5.5.2　预制叠合构件的接合面、预制构件连接节点的接合面，应按设计要求做好界面处理并清理干净，后浇混凝土应饱满、密实。

注：由于《混凝土结构通用规范》GB 55008—2021 的颁布，原如下强条废止：

(1)《混凝土外加剂应用技术规范》GB 50119—2013 第 3.1.3、3.1.4、3.1.5、3.1.6、3.1.7 条；

(2)《混凝土质量控制标准》GB 50164—2011 第 6.1.2 条；

(3)《混凝土结构工程施工质量验收规范》GB 50204—2015 第 4.1.2、5.2.1、5.2.3、5.5.1、6.2.1、6.3.1、6.4.2、7.2.1、7.4.1 条；

(4)《大体积混凝土施工标准》GB 50496—2018 第 4.2.2、5.3.1 条；

(5)《混凝土结构工程施工规范》GB 50666—2011 第 4.1.2、5.1.3、5.2.2、6.1.3、6.4.10、7.2.4 (2)、7.2.10、7.6.3 (1)、7.6.4、8.1.3 条（款）；

(6)《建筑与桥梁结构监测技术规范》GB 50982—2014 第 3.1.8 条；

(7)《钢筋焊接及验收规程》JGJ 18—2012 第 3.0.6、4.1.3、5.1.7、5.1.8、6.0.1、7.0.4 条；

(8)《普通混凝土用砂、石质量及检验方法标准》JGJ 52—2006 第 1.0.3、3.1.10 条；

(9)《普通混凝土配合比设计规程》JGJ 55—2011 第 6.2.5 条；

(10)《混凝土用水标准》JGJ 63—2006 第 3.1.7 条；

(11)《预应力筋用锚具、夹具和连接器应用技术规程》JGJ 85—2010 第 3.0.2 条；

(12)《无粘结预应力混凝土结构技术规程》JGJ 92—2016 第 3.1.1、3.2.1、6.3.7 条；

(13)《钢筋机械连接通用技术规程》JGJ 107—2016 第 3.0.5 条；

(14)《钢筋焊接网混凝土结构技术规程》JGJ 114—2014 第 3.1.3、3.1.5 条；

(15)《钢筋套筒灌浆连接应用技术规程》JGJ 355—2015 第 3.2.2、7.0.6 条。

4.《城市道路交通工程项目规范》GB 55011—2021

6.0.18　位于生态环境敏感区和饮用水源保护区的桥梁，应采取环境保护措施。

6.0.19　当桥梁基础的基坑施工，存在危及施工安全和周围建筑安全风险时，应制定基坑围护设计、施工、监测方案及应急预案。

6.0.20 水中设墩的桥梁汛期施工时，应制定度汛措施及应急预案。

6.0.21 当运输和安装桥梁长大构件影响道路交通安全时，应制定专项施工方案。

6.0.22 单孔跨径不小于150m的特大桥，施工前应根据建设条件、桥型、结构、工艺等特点，针对技术难点和质量安全风险点编制专项施工方案、监测方案和应急预案，验收时应针对结构承载能力进行检测。

注：由于《城市道路交通工程项目规范》GB 55011—2021 的颁布，原如下强条废止：《城市桥梁工程施工与质量验收规范》CJJ 2—2008 第 2.0.5、2.0.8、5.2.12、6.1.2、6.1.5、8.4.3、10.1.7、13.2.6、13.4.4、14.2.4、16.3.3、17.4.1、18.1.2 条。

2.1.3 创优质量控制重点

1. 实体质量

（1）基础工程：混凝土原材料、混凝土强度等级满足要求；桩长、桩径、垂直度满足设计要求；扩大基础及承台的结构尺寸满足要求；端承桩的嵌岩深度、沉入桩的嵌岩深度及贯入度满足要求，端承桩桩底持力岩层强度及岩溶地区持力岩层的厚度满足要求；桩基检测不出现Ⅲ类及以下桩，Ⅰ类桩的比例满足规范及评优要求等。

（2）下部结构混凝土工程：混凝土原材料、混凝土强度等级满足要求；下部结构尺寸、墩柱垂直度满足要求；钢筋规格、数量、间距、保护层厚度满足要求等。

（3）支座：支座的规格型号满足要求；支座垫石强度和尺寸满足要求；支座与垫石、梁底之间无脱空；支座无移位等。

（4）混凝土梁体：混凝土原材料、混凝土强度等级满足要求；梁体尺寸、墩柱垂直度满足要求；钢筋规格、数量、间距、保护层厚度满足要求；湿接缝及整体化层的质量满足要求；单片预制梁的静载试验满足要求；预应力张拉控制力、有效应力满足要求，预应力孔道灌浆饱满、水泥浆强度满足要求等。

（5）钢梁：钢材等级、钢结构尺寸满足要求；钢结构的焊接、高强螺栓连接满足要求；钢结构制作、拼装、钢结构涂装满足要求等。

（6）桥梁附属工程：桥面沥青混凝土坚实平整，厚度满足要求；防撞栏混凝土强度及尺寸满足要求，防撞栏钢筋规格、数量、间距、保护层厚度满足要求等。

2. 外观质量

（1）桥梁下部结构：混凝土颜色呈浅白色，色泽统一；构件混凝土表面平整、光滑，无蜂窝、麻面、流砂、明显错台；构件边角分明清晰，无缺边、掉角、露筋现象等。

（2）支座：支座无明显剪切变形；支座无脱空、移位等。

（3）混凝土梁体：混凝土颜色呈浅白色，色泽统一；构件混凝土表面平整、光滑，无裂缝、蜂窝、麻面、流砂、明显错台；构件边角分明清晰，无缺边、掉角、露筋现象；预制梁的起拱度或下挠度满足要求；湿接缝及横隔梁的接缝整齐、棱角分明，水泥浆对梁体无污染等。

（4）钢梁：钢梁外形顺直、美观，表面平整、光滑、无锈蚀；钢梁焊缝饱满、平整；钢梁的螺栓连接安装稳固，排列整齐，螺母螺栓方向满足要求；防腐防火涂层平整、颜色一致，涂层无脱落。

（5）桥梁附属工程：桥面平整、无明显积水；防撞栏顺直、美观，防撞栏伸缩缝、假缝垂直，无缺边掉角；防撞栏表面色泽一致、无蜂窝、麻面、流砂、明显错台、明显裂缝、露筋等现象；桥面排水管安装牢固、整齐顺直；桥面伸缩缝顺直、无异物堵塞或渗漏水。

3. 内业资料

（1）图纸会审、设计交底，施工图设计文件修改、变更、洽商应符合程序，记录完整。

（2）施工组织设计、施工方案、危险性较大的分部分项工程专项施工方案、技术交底、安全技术交底、施工日志、施工记录齐全，施组有质量目标，审批手续齐全。

（3）原材料、构配件、预制构件及商品混凝土质量资料齐全，水泥、钢材、商品混凝土、锚夹具等应具有出厂合格证明及现场检测报告。

（4）见证取样和送检记录：水泥、掺和料、外加剂、混凝土试块、钢材等见证取样和送检记录资料及相关试验（检验）报告单。

（5）施工试验资料：混凝土试块抗压强度，混凝土抗渗、抗冻性等耐久性指标检测（设计要求时）试验报告及统计评定；钢材焊缝无损检验报告和焊缝重大修补记录，工厂高强度螺栓摩擦面抗滑移系数试验报告；钢构件产品试板的试验报告、钢结构工厂试拼装记录等。

（6）现场实体检测及功能性检验资料：单桩承载力试验；桩基础小应变、大应变、超声波、抽芯检测报告；单片梁静载试验报告，全桥动、静载试验报告，防撞护栏功能性试验等。

（7）施工记录：灌注桩施工记录，混凝土浇筑施工记录，预应力张拉、灌浆施工记录，钢结构拼装施工记录，桥梁支座安装记录，斜拉索施工记录，悬索桥主缆施工记录应内容完整、记录真实。

（8）测量及监测记录：控制点、基准线、水准点的复测记录，斜拉桥、悬索桥等大型桥梁施工监测记录。

（9）质量验收记录：检验批、分项、分部、单位工程验收及隐蔽工程验收记录应内容齐全、结论明确、签认手续完整，参与验收人员应具有相应资格。

2.2 桥梁桩基础工程

2.2.1 钻孔灌注桩

1. 工艺控制要点

（1）泥浆制备根据施工机具、工艺及穿越土层情况进行配合比设计，宜选用高塑性黏土或膨润土。现场设置泥浆池和泥浆循环处理设施，废弃的泥浆、钻渣应进行处理，不得污染环境。

（2）护筒埋设深度应符合有关规定。护筒顶面宜高出施工水位或地下水位 2m，并宜高出施工地面 0.3m。其高度应满足孔内泥浆面高度的要求。

（3）灌注混凝土前，清孔后的泥浆相对密度应处于 1.01～1.10 之间；含砂率不得大于 2%；黏度不得大于 20Pa·s。

（4）钢筋笼安装位置应准确，应有临时固定钢筋笼的措施，防止钢筋笼偏位及上浮；钢筋笼节段之间的钢筋宜采用直螺纹套筒连接，并保证连接质量。

（5）开始灌注混凝土时，导管底部至孔底的距离宜为 $300\sim500$mm；导管首次埋入混凝土灌注面以下不应少于 1.0m；在灌注过程中，导管埋入混凝土深度宜为 $2\sim6$m。

（6）灌注水下混凝土必须连续施工，并应控制提拔导管速度，严禁将导管提出混凝土灌注面。灌注过程中的故障应记录备案。

2. 质量实测项目

钻孔桩成桩实测项目见表 2.2.1-1。

钻孔桩成桩实测项目　　　　　　　　　　　表 2.2.1-1

序号	项目	允许偏差（mm）
1	桩的中心位置	群桩：100；单排桩：50
2	桩径	≥设计直径
3	倾斜度	<1%，且≤500
4	桩长（桩底标高）	摩擦桩：≥设计值 支承桩：比设计深度超深≥50
5	沉渣厚度	摩擦桩：符合设计要求，当无设计要求时≤100 支承桩：≤设计值，且≤50

3. 优良工艺图例

优良工艺图例见图 2.2.1-1～图 2.2.1-10。

图 2.2.1-1　护筒埋设

图 2.2.1-2　护筒吊装

图 2.2.1-3　正循环回旋钻机钻孔

图 2.2.1-4　反循环回旋钻机钻孔

图 2.2.1-5　冲孔钻机成孔

图 2.2.1-6　旋挖钻机成孔

图 2.2.1-7　桩钢筋笼安装

图 2.2.1-8　桩水下混凝土浇筑

图 2.2.1-9　环切法破桩头 1

图 2.2.1-10　环切法破桩头 2

4. 质量问题图例

质量问题图例见图 2.2.1-11～图 2.2.1-14。

图 2.2.1-11　桩基偏位过大

图 2.2.1-12　桩钢筋笼偏位

图 2.2.1-13　桩身空洞、露筋图

图 2.2.1-14　断桩

2.2.2　沉入桩

1. 工艺控制要点

（1）预制桩的接桩可采用焊接、法兰连接或机械连接，接桩材料及工艺应符合规范要求。

（2）沉桩时，桩帽或送桩帽与桩周围间隙应为 5～10mm；桩锤、桩帽或送桩帽应和桩身在同一中心线上；桩身垂直度偏差不得超过 0.5%。

（3）沉桩顺序：对于密集桩群，自中间向两个方向或四周对称施打；根据基础的设计标高，宜先深后浅；根据桩的规格，宜先大后小，先长后短。

（4）施工中若锤击有困难时，可在管内助沉。

（5）桩终止锤击的控制应视桩端土质而定，对于厚接桩以控制桩端设计标高为主，对于端接桩以控制贯入度为主。

（6）沉桩过程中应加强邻近建筑物、地下管线等的观测、监护。

2. 质量实测项目

沉入桩实测项目见表 2.2.2-1。

沉入桩实测项目　　　　　　　　　　　　　　　表 2.2.2-1

序号	项目	允许偏差（mm）
1	横截面尺寸（直径或边长）	−5
2	贯入度（终锤标准）	≥设计值
3	桩垂直度	1%
4	桩位	单桩或单排桩：50； 群桩：边桩 100，中间桩 150
5	斜桩倾斜度	15%tanθ
6	桩尖高程	≤设计桩尖高度

3. 优良工艺图例

优良工艺图例见图 2.2.2-1～图 2.2.2-4。

图 2.2.2-1　锤击沉入桩

图 2.2.2-2　静压沉入桩

图 2.2.2-3　振动沉入桩

图 2.2.2-4　管桩焊接连接

4. 质量问题图例

质量问题图例见图 2.2.2-5～图 2.2.2-8。

图 2.2.2-5　桩身倾斜

图 2.2.2-6　桩体开裂

图 2.2.2-7　锤击力过大，导致桩身损坏

图 2.2.2-8　连接焊缝不饱满

2.2.3　扩大基础及承台

1. 工艺控制要点

（1）扩大基础和承台的地基为淤泥或承载力不足时，应按设计要求处理后方可进行基础的施工；基底为岩石时，应采用水冲洗干净，且在基础施工前应铺设一层不低于基础混凝土强度等级的水泥砂浆。

（2）扩大基础和承台的混凝土浇筑宜在全平截面范围内水平分层进行；当浇筑量过大，设备能力难以满足施工要求，或大体积混凝土控温需要时，可分层或分块浇筑。

（3）基础、承台钢筋安装完成后预埋墩身钢筋，并使用模具进行定位。

（4）承台施工前应进行桩基等隐蔽工程的质量验收，桩顶的混凝土面应按水平施工缝的要求凿毛，桩头预留钢筋上的泥土及鳞锈等应清理干净。

（5）基础、承台的钢筋和混凝土应在无水条件下进行施工，施工时应根据地质、地下水位和基坑内的积水等情况采取防水或排水措施。

2. 质量实测项目

桥梁扩大基础、承台实测项目见表 2.2.3-1。

序号	项目	允许偏差（mm）
	桥梁扩大基础、承台实测项目	表 2.2.3-1
1	平面尺寸（直径或边长）	±20
2	厚度	0，20
3	顶面高程	±10
4	轴线偏位	15
5	平整度	5
6	预埋件位置	10

3. 优良工艺图例

优良工艺图例见图 2.2.3-1～图 2.2.3-4。

图 2.2.3-1　扩大基础施工

图 2.2.3-2　承台钢筋安装

图 2.2.3-3　承台钢筋布置

图 2.2.3-4　承台浇筑混凝土后

4. 质量问题图例

质量问题图例见图 2.2.3-5～图 2.2.3-8。

图 2.2.3-5　承台出现蜂窝麻面现象

图 2.2.3-6　承台表面露筋

图 2.2.3-7　大体积承台混凝土裂缝

图 2.2.3-8　承台麻面、流浆

2.3　混凝土结构通用工程

2.3.1　钢筋工程

1. 工艺控制要点

（1）钢筋必须具备合格证、出厂检测报告，并与铭牌标识相一致，部分项目业主要求有指定供应厂家的，验收时必须进行核对。

（2）钢筋应平直、无损伤，表面不得有裂纹、油污、颗粒状或片状老锈。

（3）钢筋的弯弧形式、弯钩内直径、弯钩角度、弯钩的弯后平直部分长度等不应小于规范的规定。

（4）钢筋调直宜采用机械方法，也可采用冷拉方法。当采用冷拉方法调直钢筋时，HRB400 级和 RRB400 级钢筋的冷拉率不宜大于 1%。

（5）钢筋的绑扎搭接接头应在接头中心和两端用铁丝扎牢；梁钢筋骨架中各垂直面钢筋网交叉点应全部扎牢；板上部钢筋网的交叉点应全部扎牢，底部钢筋网除边缘部分外可间隔交错扎牢。

（6）直径大于 16mm 以上的钢筋，严禁使用搭接，应采用焊接接头或机械连接接头。

2. 质量实测项目

钢筋安装实测项目见表 2.3.1-1。

钢筋安装实测项目		表 2.3.1-1

序号	项目	允许偏差（mm）
1	受力钢筋排距	±5
2	受力钢筋间距	基础、墩台、柱：±20 梁、板：±10
3	箍筋、水平筋、螺旋筋间距	±10
4	钢筋骨架尺寸	长：±10 宽、高或直径：±5
5	弯起钢筋位置	±20
6	钢筋保护层厚度	基础、墩台：±10 梁、柱、板：±5

3. 优良工艺图例

优良工艺图例见图 2.3.1-1～图 2.3.1-4。

图 2.3.1-1 钢筋机械连接

图 2.3.1-2 钢筋焊接连接

图 2.3.1-3 钢筋绑扎

图 2.3.1-4 钢筋安装间距均匀、平整

4. 质量问题图例

质量问题图例见图 2.3.1-5～图 2.3.1-8。

图 2.3.1-5 焊缝不饱满

图 2.3.1-6 套筒连接端头不符合要求

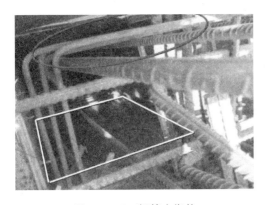

图 2.3.1-7 钢筋未绑扎

图 2.3.1-8 预埋钢筋偏位，钢筋严重弯曲

2.3.2 模板工程

1. 工艺控制要点

（1）模板与混凝土接触面应平整、接缝严密。钢框胶合板模板的组配面板宜采用错缝布置。

（2）模板施工之前，要求进行模板专项设计，对模板材料选用、排板、模板整体和支撑系统刚度、稳定性等进行设计，并重点检查支撑体系刚度、稳定性、梁侧模对拉螺栓等是否可靠。

（3）模板的接缝不应漏浆，在浇筑混凝土前，模板应浇水湿润，但模板内不应有积水。模板与混凝土的接触面应清理干净并涂刷隔离剂。

（4）芯模和预留孔道内模应在混凝土抗压强度能保证结构表面不发生塌陷和裂缝时，方可拔出。

（5）非承重侧模应在混凝土强度能保证结构棱角不损坏时方可拆除，混凝土强度宜为2.5MPa 及以上。

（6）模板、支架和拱架拆除应按设计要求的程序和措施进行，遵循"先支后拆、后支先拆"的原则。支架和拱架，应按几个循环卸落，卸落量宜由小渐大。每一循环中，在横向应同时卸落，在纵向应对称均衡卸落。

2. 质量实测项目

模板安装实测项目见表 2.3.2-1。

模板安装实测项目　　　　　　　　　　　表 2.3.2-1

序号	项目	允许偏差（mm）
1	模内尺寸	基础：±20 墩台、柱：±5 梁、板：−5，0
2	垂直度	墙、柱：$H/1000$，且≤6 墩台：$H/500$，且≤20
3	表面平整度	外露表面：3 非外露面：5
4	相邻两板表面高低差	外表面：2 内表面：4
5	轴线偏位	基础：15 墩台、柱：10 梁、板：8

注：H 为截面高度（mm）。

3. 优良工艺图例

优良工艺图例见图 2.3.2-1～图 2.3.2-4。

图 2.3.2-1　箱梁模板安装

图 2.3.2-2　系梁钢模安装

图 2.3.2-3　箱梁底模安装完成

图 2.3.2-4　预制梁模板安装

4. 质量问题图例

质量问题图例见图 2.3.2-5～图 2.3.2-8。

图 2.3.2-5　模板老旧破损　　　　　图 2.3.2-6　模板平整度差、拼缝空隙过大

图 2.3.2-7　模板支撑楞条折断　　　　图 2.3.2-8　漏浆、爆模

2.3.3　混凝土工程

1. 工艺控制要点

（1）浇筑混凝土前，应清除模板内和钢筋上的垃圾及污染物；模板应浇水润湿，但不得积水，并将缝隙塞严以防漏浆。

（2）浇筑混凝土时，应注意防止混凝土的分层离析。混凝土由料斗、漏斗内卸出进行浇筑时，其自由倾落高度一般不宜超过 2m，否则应采用串筒、斜槽、溜管等下料。

（3）浇筑混凝土时，应经常观察模板、支架、钢筋、预埋件和预留孔洞的情况，当发现有变形、移位时，应立即停止浇筑，并应在已浇筑的混凝土凝结前修整完好。

（4）混凝土在浇筑及静置过程中，应采取措施防止产生裂缝。在浇筑箱梁混凝土时，应在底板浇筑完毕后停歇 0.5h，使混凝土获得初步沉实后，再继续浇筑箱梁侧墙。

（5）振捣时一定要掌握好振捣插入拔出的时间，振捣时间过短，不密实，容易产生蜂窝麻面；振捣时间过长，容易产生鱼鳞斑或是砂线。

（6）混凝土浇捣宜一次成型，振捣密实。密实的表现为，在振捣拔出中，表面浮浆，不下沉。

2. 质量实测项目

桥梁各部位混凝土构件详见各部位的实测项目（本章第 2.4 节～第 2.8 节）。

3. 优良工艺图例

优良工艺图例见图 2.3.3-1～图 2.3.3-4。

图 2.3.3-1　混凝土浇筑及振捣

图 2.3.3-2　混凝土养护

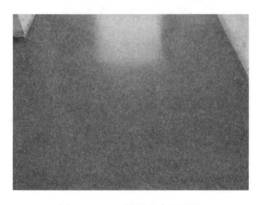

图 2.3.3-3　混凝土表面平整

图 2.3.3-4　混凝土拆模后

4. 质量问题图例

质量问题图例见图 2.3.3-5～图 2.3.3-8。

图 2.3.3-5　蜂窝麻面

图 2.3.3-6　漏浆

图 2.3.3-7　孔洞、露筋

图 2.3.3-8　裂缝

2.3.4　预应力混凝土工程

1. 工艺控制要点

（1）检查波纹管位置。腹板上的尺量坐标，顶板和底板上的尺量间距和目测顺直度，腹板上的尺量间距和垂直度。管道固定必须牢靠。严格检查保护层厚度。

（2）管道应留压浆孔与溢浆孔；曲线孔道的波峰部位应留排气孔；在最低部位宜留排水孔。

（3）预应力筋采用应力控制方法张拉时，应以伸长值进行校核。实际伸长值与理论伸长值的差值应符合设计要求；设计无规定时，实际伸长值与理论伸长值之差应控制在6％以内。否则应暂停张拉，待查明原因并采取措施后方可继续张拉。

（4）预应力张拉宜采用智能张拉系统。预应力张拉时，应先调整到初应力（σ_0），该初应力宜为张拉控制应力（σ_{con}）的10％～15％，伸长值应从初应力时开始量测。

（5）孔道压浆宜采用智能灌浆系统或真空辅助压浆工艺。压浆宜先压注下层孔道。由下而上进行。同一管道压浆应连续进行，一次完成。

（6）封锚混凝土的强度等级应符合设计要求，不宜低于结构混凝土强度等级的80％，且不低于30MPa。

2. 质量实测项目

预应力筋安装、张拉实测项目见表2.3.4-1。

预应力筋安装、张拉实测项目　　　　　　　　　　表2.3.4-1

序号	检查项目		允许偏差（mm）
1	管道坐标	梁长方向	30
		梁高方向	10
2	管道间距	同排	10
		上下层	10
3	张拉应力值		符合设计要求
4	张拉伸长率		±6％
5	断丝滑丝数	钢束	每束1根，且每断面不超过钢丝总数的1％
		钢筋	不允许

3. 优良工艺图例

优良工艺图例见图 2.3.4-1～图 2.3.4-6。

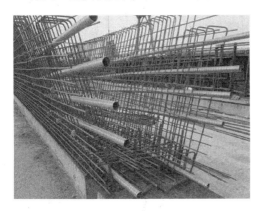
图 2.3.4-1　预应力管道安装定位

图 2.3.4-2　预应力筋智能张拉

图 2.3.4-3　孔道压浆机

图 2.3.4-4　孔道压浆预留管

图 2.3.4-5　孔道智能压浆

图 2.3.4-6　端头封锚

4. 质量问题图例

质量问题图例见图 2.3.4-7～图 2.3.4-10。

图 2.3.4-7　波纹管被焊渣烧破

图 2.3.4-8　波纹管线形不顺

图 2.3.4-9　预应力张拉压爆端头混凝土

图 2.3.4-10　预应力管道堵塞

2.4　桥梁下部结构工程

2.4.1　现浇墩柱、盖梁

1. 现浇墩柱

（1）工艺控制要点

1）墩身钢筋骨架采用平地整体胎模制作，现场分节拼装成整体，分节钢筋骨架现场采用机械套筒连接，成型后整体吊装的方式，确保墩身钢筋的安装精度。

2）竖向主筋的连接采用直螺纹套筒连接，同一柱钢筋截面接头错开布置，错开长度不小于 $35d$（d 为钢筋直径）；接头区段（$35d$）内同一钢筋不得有两接头，该区段内有接头的受力钢筋截面面积不应超过主筋的 50%。

3）模板采用大块整体钢模，面板选用大于 6mm 厚钢板。模板表面平整，尺寸偏差符合规范要求，具有足够的刚度、强度、稳定性，且拆装方便接缝严密不漏浆。

4）模板在拼装之前必须严格进行除锈处理，包括墩身钢筋也应进行除锈。

5）混凝土宜采用吊车配合吊斗进行浇筑。混凝土下落高差大于 2.0m 时，设置串筒，采用分层浇筑，分层厚度 30cm 为宜，应在下层混凝土初凝前完成上层混凝土浇筑。

6）混凝土采用插入式振捣器，插入式振捣器振捣时严禁碰撞钢筋和模板。对每一个振动部位，振动到该部位混凝土密实为止。

7）混凝土终凝后即进行洒水养护，混凝土拆模强度不小于 2.5MPa。模板拆除后采用薄膜包裹养护。

（2）质量实测项目

现浇混凝土墩柱允许偏差见表 2.4.1-1。

现浇混凝土墩柱允许偏差   表 2.4.1-1

序号	项目	允许偏差（mm）
1	断面尺寸（长、宽、直径）	−5，+10
2	顶面高程	±10
3	垂直度	≤0.2%H，且不大于 15（H 为柱高）
4	轴线偏位	8
5	平整度	5
6	模板接缝处错台	3

（3）优良工艺图例

优良工艺图例见图 2.4.1-1～ 图 2.4.1-4。

图 2.4.1-1　箍筋胎模架

图 2.4.1-2　检查钢筋尺寸、间距

图 2.4.1-3　支座垫石钢筋

图 2.4.1-4　墩柱养护

（4）质量问题图例

质量问题图例见图 2.4.1-5～图 2.4.1-8。

图 2.4.1-5　墩柱偏位过大

图 2.4.1-6　墩柱外观色差明显

图 2.4.1-7　墩柱底部孔洞、烂根

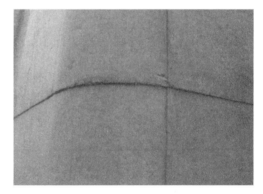

图 2.4.1-8　墩柱表面错台明显

2. 现浇盖梁

（1）工艺控制要点

1）钢筋安装时严格进行钢筋连接、搭接、绑扎安装和保护层厚度的控制。纵向受力钢筋的连接（若需要）均采用机械连接。

2）支架搭设方式应根据现场实际情况选用，其受力应满足验算要求。

3）模板在安装前人工用磨光机对面板进行打磨，并涂刷优质脱模剂，确保盖梁拆模后混凝土外观质量美观，脱模剂禁止使用废机油。模板边缝处采用双面胶密封条粘贴防止漏浆。模板安装要与钢筋安放协调进行。

4）盖梁混凝土宜一次性整体浇筑。

5）混凝土浇筑完成后，在初凝后尽快予以覆盖和洒水养护，覆盖时不得损伤或污染混凝土的表面。混凝土面有模板覆盖时，在养护期间经常使模板保持湿润。

（2）质量实测项目

现浇混凝土盖梁允许偏差见表 2.4.1-2。

现浇混凝土盖梁允许偏差   表 2.4.1-2

序号	项目		允许偏差（mm）
1	盖梁尺寸	长	−10，+20
		宽	0，+10
		高	±5
2	盖梁轴线偏位		8
3	盖梁顶面高程		−5，0
4	平整度		5
5	支座垫石 预留位置		10
6	预埋件位置	高程	±2
		轴线	5

（3）优良工艺图例

优良工艺图例见图 2.4.1-9～图 2.4.1-12。

图 2.4.1-9　盖梁底模安装、涂脱模剂

图 2.4.1-10　盖梁钢筋验收

图 2.4.1-11　盖梁包裹土工布淋水滴灌养护

图 2.4.1-12　成型后的盖梁

（4）质量问题图例

质量问题图例见图 2.4.1-13～图 2.4.1-16。

图 2.4.1-13　盖梁表面出现裂缝

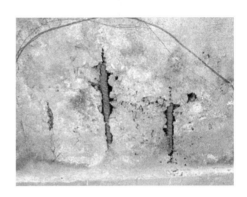

图 2.4.1-14　盖梁混凝土表面露筋

图 2.4.1-15　盖梁箍筋间距不均匀

图 2.4.1-16　盖梁混凝土表面蜂窝

2.4.2　预制墩柱、盖梁

1. 预制墩柱

（1）工艺控制要点

1）模板应具有足够刚度、强度以保证其受力要求，确保多次周转不变形，模板拼接处要求严密、平整、不漏浆、拆除方便。

2）严格按施工图纸进行绑扎，钢筋绑扎必须牢固。钢筋网片和钢筋骨架宜采用防止变形的专用吊架进行吊运。

3）墩柱混凝土采用分层浇筑，每层高度不超过 30cm，保证分层浇筑的厚度及振捣棒插入的深度，按照先中间后两边的方式振捣。混凝土浇筑完成后，应在收浆后尽快予以覆盖养护和洒水养护。

4）预制构件翻转时，采用设置翻转胎膜，在其上进行翻转。旋转方向与吊车侧面平行。翻转前要对墩柱底部接触地面进行保护，采用土工布包裹，地面上预先垫好枕木和橡胶垫，确保翻转过程中不磨损预制墩柱。

5）预制墩柱安装前应检查底部承台和预埋件的尺寸、标高及平面位置；安装预制墩柱时，如果立柱垂直度不满足设计要求，要在承台顶面放置薄垫片来调整直至立柱垂直度满足设计要求；通过调整定位千斤顶，确保墩柱的标高及垂直度满足要求。

6）每块预制墩柱套筒连接灌浆时，应合理划分连通灌浆区域；每个区域除预留灌浆孔、出浆孔与排气孔，应形成密闭空腔，不应漏浆。

7）灌浆料拌合物应采用电动设备搅拌充分、均匀，并宜静置 2min 后使用；搅拌完成后，不得再次加水；灌浆施工宜采用一点灌浆的方式进行。

（2）质量实测项目

墩柱构件预制实测项目和预制柱安装实测项目见表 2.4.2-1、表 2.4.2-2。

墩柱构件预制实测项目 表 2.4.2-1

序号	检查项目	允许偏差（mm）
1	断面尺寸（长，宽或直径）	±5
2	高度	±10
3	侧向弯曲	1/750，且≤20
4	平整度	3

预制柱安装实测项目 表 2.4.2-2

序号	项目	允许偏差（mm）
1	平面位置	10
2	埋入基础深度（承插式连接）	不小于设计要求
3	相邻间距	±10
4	垂直度	≤0.5%，且不大于20
5	墩柱顶高程	±10
6	节段间错台	3
7	灌浆饱满度	灌浆饱满，浆液从溢浆孔缓慢溢出
8	钢筋采用灌浆套筒连接伸入套筒的钢筋长度	±3

（3）优良工艺图例

优良工艺图例见图 2.4.2-1～图 2.4.2-6。

图 2.4.2-1　加工成型的墩柱钢筋

图 2.4.2-2　墩柱钢筋笼起吊

图 2.4.2-3　墩柱模板翻身

图 2.4.2-4　浇筑完成的墩柱

图 2.4.2-5　墩柱装车运输

图 2.4.2-6　墩柱现场安装

（4）质量问题图例

质量问题图例见图 2.4.2-7、图 2.4.2-8。

图 2.4.2-7　承台顶面凿毛不合格

图 2.4.2-8　承台顶面坐浆不够

2. 预制盖梁

（1）工艺控制要点

1）盖梁模板应具有足够刚度、强度以保证其受力要求，确保多次周转不变形，模板拼接处要求严密、平整、不漏浆、拆除方便。

2）钢筋施工人员应严格按照设计图进行翻样，并按翻样图进行弯配钢筋，确保每根钢筋的尺寸准确。

3）盖梁混凝土宜采用吊斗浇筑混凝土。每节盖梁混凝土采用分层浇筑，每层高度≤30cm。

4）混凝土浇筑完成后，应在收浆后尽快予以覆盖养护和洒水养护，混凝土养护用水应采用洁净的符合要求的水源。

5）盖梁与立柱拼装时，在拼接缝位置，立柱上应布置调节垫块；在墩台柱上安装预制盖梁时，应对墩台柱进行固定和支撑。

6）预应力张拉工作必须按照设计图纸给定的张拉顺序进行张拉，张拉过程中，一定要分级、同步、对称进行，缓慢、稳步升压。孔道压浆顺序是先下后上，要将集中在一处的孔一次压完。对曲线孔道和竖向孔道应由最低点的压浆孔压入。

（2）质量实测项目

预制盖梁构件外形尺寸实测项目和预制混凝土盖梁安装实测项目见表 2.4.2-3、表 2.4.2-4。

预制盖梁构件外形尺寸实测项目　　　　　　　　　　　表 2.4.2-3

序号	检查项目		允许偏差（mm）
1	盖梁尺寸	长度	±5
2		宽度	±5
3		高度	±5
4	表面平整度		3

预制混凝土盖梁安装实测项目　　　　　　　　　　　表 2.4.2-4

序号	项目		允许偏差（mm）
1	相邻节段间顶面接缝高差		3
2	节段拼装立缝宽度		≤3
3	梁长		−10，+10
4	支座轴线偏位		3
5	钢筋灌浆套筒连接	灌浆饱满度	灌浆饱满，浆液从溢浆孔缓慢溢出
		伸入套筒钢筋长度	±3

（3）优良工艺图例

优良工艺图例见图 2.4.2-9～图 2.4.2-12。

图 2.4.2-9　盖梁模板

图 2.4.2-10　盖梁钢筋绑扎

图 2.4.2-11　盖梁模板拆除

图 2.4.2-12　盖梁吊装

（4）质量问题图例

质量问题图例见图 2.4.2-13、图 2.4.2-14。

图 2.4.2-13　预制盖梁安装困难

图 2.4.2-14　盖梁湿接与预制混凝土存在色差

2.5 梁式桥

2.5.1 现浇混凝土梁板

1. 工艺控制要点

（1）支架立柱必须落在有足够承载力的地基上，立柱底端宜放置混凝土垫层。支架地基严禁被水浸泡。

（2）支架预压工艺应符合相关标准的规定。支架预压加载过程宜分为 3 级进行，依次施加的荷载应为单元内预压荷载值的 60%、80%、100%。

（3）腹板钢筋绑扎时注意变宽段，变宽段钢筋起点位置严格按照图纸要求控制，必要时采用双扎丝绑扎。绑扎腹板钢筋时注意模板与钢筋间的保护层厚度。锚区钢筋绑扎时要注意钢筋必须垂直于波纹管，锚区钢筋层数、数量必须符合图纸要求。

（4）浇筑混凝土时，应采用振动器振捣。振捣时不得碰撞模板、钢筋和预埋部件。振捣持续时间宜为 20～30s，以混凝土不再沉落、不出现气泡、表面呈现浮浆为度。

（5）施工现场应根据施工对象、环境、水泥品种、外加剂以及对混凝土性能的要求，制定具体的养护方案，并应严格执行方案规定的养护制度。

2. 质量实测项目

现浇混凝土梁、板实测项目见表 2.5.1-1。

现浇混凝土梁、板实测项目　　　　　　　　表 2.5.1-1

序号	项目		允许偏差（mm）
1	轴线位置		10
2	梁板顶面高程		±10
3	断面尺寸	高	−10，+5
		宽	±30
		顶、底、腹板厚	0，+10
4	长度		−10，+5
5	横坡（%）		±0.15
6	平整度		8

3. 优良工艺图例

优良工艺图例见图 2.5.1-1～图 2.5.1-4。

图 2.5.1-1　箱梁顶板钢筋绑扎

图 2.5.1-2　箱梁模板安装

图 2.5.1-3　箱梁底板及腹板浇筑混凝土

图 2.5.1-4　箱梁混凝土淋水养护

4. 质量问题图例

质量问题图例见图 2.5.1-5～图 2.5.1-8。

图 2.5.1-5　箱梁底板表面错台

图 2.5.1-6　箱梁底板露筋

图 2.5.1-7　箱梁腹板出现裂缝

图 2.5.1-8　箱梁内室泄水孔堵塞

2.5.2　装配式混凝土梁板

1. 工艺控制要点

（1）预制台座应坚固、无沉陷，台座表面应光滑平整，在 2m 长度上平整度的允许偏差为 2mm。气温变化大时应设伸缩缝。

（2）模板应根据施工图设置起拱。预应力混凝土梁、板设置起拱时，应考虑梁体施加预应力后的上拱度，预设起拱应折减或不设，必要时可设反拱。

（3）构件吊点的位置应符合设计要求，设计无要求时，应经计算确定。构件的吊环应竖直，吊绳与起吊构件的变角小于60°时应设置吊梁。

（4）构件吊运时混凝土的强度不得低于设计强度的75%，后张预应力构件孔道压浆强度应符合设计要求或不低于设计强度的75%。

（5）架桥机宜在桥头引道上拼装导梁及龙门架，经检验、试运转，试吊后推移进入架梁桥孔。

（6）梁板架设顺序应符合梁板安装专项施工方案要求，单片梁板安装未连接成整体前，应采用临时稳固措施。中横隔和端横隔的钢筋连接应采取焊接，并满足焊接长度要求。

2. 质量实测项目

梁板制作、预制梁板安装实测项目见表2.5.2-1、表2.5.2-2。

梁板制作实测项目　　　　　　　　　　　　　　　　表2.5.2-1

序号	实测项目		允许偏差（mm）	
			梁	板
1	断面尺寸	高	−10，0	−10，0
		宽	±5	—
		顶、底、腹板厚	±5	±5
2	长度		−10，0	−10，0
3	侧向弯曲		$L/1000$且不大于10	$L/1000$且不大于10
4	对角线长度差		15	15
5	平整度		8	

注：L为构件长度（mm）。

预制梁板安装实测项目　　　　　　　　　　　　　　表2.5.2-2

序号	实测项目		允许偏差（mm）
1	平面位置	顺桥纵轴线方向	10
		垂直桥轴线方向	5
2	焊接横隔梁相对位置		10
3	湿接横隔梁相对位置		20
4	伸缩缝宽度		−5，+10
5	支座板	每块位置	5
		每块边缘高差	1
6	焊接长度		不小于设计要求每处
7	相邻两构件支点处顶面高差		10
8	垂直度		1.2%

3. 优良工艺图例

优良工艺图例见图 2.5.2-1～图 2.5.2-6。

图 2.5.2-1　预制小箱梁采用不锈钢模板

图 2.5.2-2　在胎架上进行钢筋安装

图 2.5.2-3　小箱梁自动喷淋养护

图 2.5.2-4　预应力智能张拉

图 2.5.2-5　架桥机安装

图 2.5.2-6　起重机安装

4. 质量问题图例

质量问题图例见图 2.5.2-7～图 2.5.2-10。

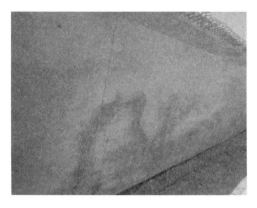

图 2.5.2-7 预制梁表面色差

图 2.5.2-8 因台座下沉造成梁倾斜

图 2.5.2-9 预制 T 梁横隔梁错位

图 2.5.2-10 梁体尺寸不准确导致缝隙宽窄不一

2.5.3 箱梁悬臂浇筑法施工

1. 工艺控制要点

（1）挂篮组装后，应全面检查安装质量，并应按设计荷载做载重试验，以消除非弹性变形。

（2）箱梁各节段混凝土在浇筑前，必须严格检查挂篮中线，挂篮底模标高，纵、横、竖三向预应力束管道、钢筋、锚头、人行道及其他预埋件的位置，认真核对无误后方可灌注混凝土。

（3）箱梁混凝土浇筑前应在预应力管道内设置内衬管；混凝土灌注完毕后，应多次缓慢旋转抽动内衬管，以防止波纹管漏浆凝固。

（4）在墩顶托架或膺架上浇筑 0 号段并实施墩梁临时固结。在 0 号块段上安装悬臂挂篮，向两侧依次对称分段浇筑主梁至合龙前段。在支架上浇筑边跨主梁合龙段。最后浇筑中跨合龙段形成连续梁体系。

（5）预应力混凝土连续梁悬臂浇筑施工中，顶板、腹板纵向预应力筋的张拉顺序一般为上下、左右对称张拉，设计有要求时按设计要求施做；预应力混凝土连续梁合龙顺序一般是先边跨、后次跨、最后中跨。

（6）合龙处刚性支撑的设计和临时束的张拉力必须严格按设计要求实施。刚性支撑锁定时间根据连续观测结果确定，要求在梁体相对变形最小和温度变化幅度最小的时间区间内，对称、均衡、同步锁定。

（7）合龙段的长度宜为 2m，宜在一天中气温最低时进行，合龙段的混凝土强度宜提高一级，以尽早施加预应力，连续梁的梁跨体系转换，应在合龙段及全部纵向连续预应力筋张拉、压浆完成，并解除各墩临时固结后进行。

2. 质量实测项目

悬臂浇筑预应力混凝土梁实测项目见表 2.5.3-1。

悬臂浇筑预应力混凝土梁实测项目　　　　　　　　表 2.5.3-1

序号	实测项目		允许偏差（mm）
1	轴线偏移	$L \leqslant 100$m	10
		$L > 100$m	$L/10000$
2	顶面高程	$L \leqslant 100$m	± 20
		$L > 100$m	$\pm L/5000$
		相邻节段高差	10
3	断面尺寸	高	-10，$+5$
		宽	± 30
		顶、底、腹板厚	$+10$ 0
4	合龙后同跨对称点高程差	$L \leqslant 100$m	20
		$L > 100$m	$L/5000$
5	横坡		$\pm 0.15\%$
6	平整度		8

注：L 为梁跨径。

3. 优良工艺图例

优良工艺图例见图 2.5.3-1～图 2.5.3-4。

图 2.5.3-1　挂篮安装　　　　　　　　图 2.5.3-2　混凝土浇筑

图 2.5.3-3　挂篮施工

图 2.5.3-4　悬浇箱梁完成后线形好

4. 质量问题图例

质量问题图例见图 2.5.3-5～图 2.5.3-8。

图 2.5.3-5　波纹管因焊渣损坏

图 2.5.3-6　张拉槽口混凝土不密实

图 2.5.3-7　悬浇段浇筑线形差

图 2.5.3-8　预应力孔道灌浆污染梁体

2.5.4　节段梁悬臂拼装法施工

1. 工艺控制要点

（1）桥梁节段可采用短线法或长线法进行预制，预制场地的布置应便于节段的预制、移运、存放及装车（船）出运；预制台座应稳定、坚固，在荷载作用下，其顶面的沉降应控制在 2mm 以内。

（2）节段预制时，应对其预制线形进行控制，使成桥后的线形符合设计要求。节段预制的测量控制宜采用专用线形控制软件进行。

（3）节段拼装施工前，应对预制节段的匹配面进行必要的处理，并应确定接缝施工的方法和工艺。在拼装施工过程中，应跟踪监测各节段梁体的挠度变化情况，控制其中轴线及高程；当实测梁体线形与设计值有偏差时，应及时进行调整。

（4）桥墩两侧应对称拼装，保持平衡。平衡偏差应满足设计要求。

（5）悬拼施工前应绘制主梁安装挠度变化曲线，以控制各节段安装高程。

（6）各节段与匹配节段的预应力孔道应连接顺畅，在节段拼装后的匹配面接缝处，孔道位置不应有超过 2mm 的错台现象，且应保证其密封性。

2. 质量实测项目

节段梁预制、节段梁悬臂拼装实测项目见表 2.5.4-1、表 2.5.4-2。

节段梁预制实测项目　　　　　　　　　　　　　　表 2.5.4-1

序号	实测项目		允许偏差（mm）
1	断面尺寸	宽	−10，0
		高	±5
		顶、底、腹板厚	±5
2	长度		±20
3	横隔梁轴线		5
4	侧向弯曲		$L/1000$，且不大于 10（L 为节段梁长）
5	平整度		8

节段梁悬臂拼装实测项目　　　　　　　　　　　　表 2.5.4-2

序号	实测项目		允许偏差（mm）
1	轴线偏移	$L \leqslant 100m$	10
		$L > 100m$	$L/10000$
2	顶面高程	$L \leqslant 100m$	±20
3		$L > 100m$	$±L/5000$
		相邻节段高差	10
4	合龙后同跨对称点高程差	$L \leqslant 100m$	20
		$L > 100m$	$L/5000$

注：L 为桥梁总长。

3. 优良工艺图例

优良工艺图例见图 2.5.4-1～图 2.5.4-4。

图 2.5.4-1 短线法预制节段梁

图 2.5.4-2 节段梁预制场

图 2.5.4-3 节段梁悬臂拼装

图 2.5.4-4 节段梁对称拼装

2.5.5 顶推施工

1. 工艺控制要点

（1）主梁前端应设置导梁。导梁宜采用钢结构，其长度宜为 0.6～0.8 倍顶推跨径，其刚度（根部）宜取主梁刚度的 1/15～1/9。导梁与主梁连接可采用埋入法固结或铰接，连接必须牢固，导梁前端处设牛腿梁。

（2）预制梁段模板、托架、支架应经预压消除其永久变形。宜选用刚度较大的整体升降底模，升降及调整高程宜用螺旋（或齿轮）千斤顶装置。浇筑过程中的变形不得大于 2mm。

（3）梁段间端面接缝应凿毛、清洗、充分湿润，新浇梁段波纹管宜穿入已浇梁段 10cm 以上，与已浇梁段波纹管对严。

（4）顶推千斤顶用油泵必须配套同步控制系统，两侧顶推时，必须左右同步，多点顶推时各墩千斤顶纵横向均应同步运行。

（5）顶进过程中应随时检测桥梁轴线和高程，做好导向、纠偏等工作。梁段中线偏移大于 20mm 时应采用千斤顶纠偏复位。

（6）平曲线弯梁顶推时应在曲线外设置法线方向向心千斤顶锚固于桥墩上，纵向顶推的同时应启动横向千斤顶，使梁段沿圆弧曲线前进。

2. 质量实测项目

顶推施工梁允许偏差见表 2.5.5-1。

顶推施工梁允许偏差　　　　　　　表 2.5.5-1

序号	项目		允许偏差（mm）
1	轴线方向		10
2	落梁反力		≤1.1 倍设计反力
3	支座顶面高程		±5
4	支座高程	相邻纵向支点	5 或设计要求
		固墩两侧支点	2 或设计要求

3. 优良工艺图例

优良工艺图例见图 2.5.5-1～图 2.5.5-4。

图 2.5.5-1　步履式顶推支墩

图 2.5.5-2　箱梁顶推现场

图 2.5.5-3　导梁

图 2.5.5-4　曲梁顶推

2.6 斜拉桥

2.6.1 索塔

1. 混凝土索塔

（1）工艺控制要点

1）由于塔壁较厚，水化热过高可使塔柱开裂，施工过程中务必采取降低水化热措施，注意养护。

2）运输及安装过程中对模板轻起轻放，确保模板的强度、刚度满足要求。模板安装前，确保其表面干净、平整，脱模剂是否涂抹均匀。

3）采用具有泵送性能所需的流动性、黏滞性良好、不离析、少泌水的混凝土。

4）塔柱、横梁浇筑时，泵管沿塔柱内腔往上延伸，每3m附墙1次。

5）索塔施工中宜设置劲性钢骨架。索塔混凝土浇筑应根据混凝土合理浇筑高度、索管位置及吊装设备的能力分节段施工。

6）索塔施工的环境温度应以施工段高空实测温度为准。倾斜式索塔施工时，必须对各个施工阶段索塔的强度与变形进行计算，并及时设置相应的对拉杆或钢管（型钢桁架）、主动撑等横向支持结构。

（2）质量实测项目

斜拉桥混凝土索塔实测项目见表2.6.1-1。

斜拉桥混凝土索塔实测项目　　　　　　　表2.6.1-1

序号	项目		允许误差（mm）
1	顶面高程		$\pm 2 \times n$，$\leqslant 20$
2	总体垂直偏差	桥轴向	$H/4000$
		垂直于桥轴向	$H/4000$
3	对接口板错边量		$\leqslant 2$
4	塔柱中心距（接头部位）		± 4.0
5	节段轴线相对塔柱轴线的偏差	桥轴向	$2h/1000$
		垂直于桥轴向	
6	两塔柱横梁中心出标高的相对差		4
7	端面金属接触率	壁板	$\geqslant 50\%$
		腹板	$\geqslant 40\%$
		加劲板	$\geqslant 25\%$
8	斜拉索锚固点高程偏差		10

注：n为节段数，h为一个节段长度，H为索塔高度。

（3）优良工艺图例

优良工艺图例见图2.6.1-1～图2.6.1-4。

图2.6.1-1　下塔柱底施工

图2.6.1-2　下塔柱施工

图 2.6.1-3　中塔柱施工

图 2.6.1-4　上塔柱施工

2. 钢索塔

（1）工艺控制要点

1）钢索塔采用分段吊装、分段拼接的方式。吊装过程中，钢节段两侧均要拉缆风绳，在吊装过程中要将索塔节段吊平，为节段的落位提供保证。

2）吊机从运输车上将节段起吊至安装高度，再进行回转，回转时节段就位要尽量靠近预先投射的测量控制点，再利用倒链及千斤顶进行就位，松钩前将临时定位固定好，控制好索塔线形，尽量减少二次找正时较大的位移量。

3）锚杆位于钢塔底部承压板上的开孔，制造精度要求很高，根据塔座浇筑后锚杆实际偏位情况，在工厂开孔，孔位允许偏差不超过 5mm。

4）正式安装索塔前，对索塔节段定位三维坐标和索塔钢箱各部位尺寸等基本数据进行一次全面的校核。索塔每一节整体拼装完成后，再对索塔进行整体观测，各观测点坐标符合设计和规范要求后方可进行焊接。

5）钢塔节段间按设计要求采用高强螺栓连接时，包括周围壁板、腹板、纵肋，调整段，要求高强螺栓传递 100％内力；传递压力时，壁板和腹板按照 50％计，加劲肋按照 40％计，有拉应力时，全部按高强螺栓传递。

6）根据设计材质及索塔焊接接头形式，可采用药芯焊丝 CO_2 气体保护焊。索塔焊缝焊接前用电动打磨机清除焊接区域的铁锈及杂物，打磨后见焊缝露出金属光泽为止。

（2）质量实测项目

斜拉桥钢索塔质量实测项目见表 2.6.1-2。

斜拉桥钢索塔质量实测项目　　　　　　　　　　　　　　　表 2.6.1-2

序号	项目	质量要求
1	塔柱倾斜度	≤1/3000
2	塔柱轴线偏位	±20mm
3	断面尺寸	±20mm
4	塔顶高程	±10mm
5	斜拉索锚固点高程	±10mm

（3）优良工艺图例

优良工艺图例见图 2.6.1-5～图 2.6.1-8。

图 2.6.1-5　钢混结合段施工

图 2.6.1-6　常规段钢塔吊装

图 2.6.1-7　钢节段塔身吊装

图 2.6.1-8　整体线性控制好

2.6.2　主梁

此处主要叙述混凝土主梁，钢主梁参见第 2.7 节。

1. 工艺控制要点

（1）当设计采用非塔、梁固结形式时，必须采取塔、梁临时固结措施，且解除临时固结的程序必须经设计确认。在解除过程中必须对拉索索力、主梁标高、索塔和主梁内力与索塔位移进行监控。

（2）主梁施工时应缩短双悬臂持续时间，尽快使一侧固定，必要时应采取临时抗风措施。

（3）悬拼法施工主梁时，应根据设计索距、吊装设备的能力等因素确定预制梁段的长度。

（4）梁段预制宜采用长线台座、齿合密贴浇筑工艺；梁段拼接宜采用环氧树脂拼接缝；梁段拼接后应及时进行梁体预应力与挂索张拉。

（5）合龙段相毗邻的梁端部应预埋临时连接钢构件；合龙段两端的梁段安装定位后，应及时将连接钢构件焊连一体，再进行混凝土合龙施工，并按设计要求适时解除临时连接。

（6）合龙段现浇混凝土宜选择补偿收缩且早强混凝土；合龙前应按设计要求将合龙段两端的梁体分别向桥墩方向顶出一定距离。

2. 质量实测项目

斜拉桥混凝土主梁、悬臂浇筑混凝土主梁、悬臂拼装混凝土主梁实测项目见表 2.6.2-1～表 2.6.2-3。

斜拉桥混凝土主梁实测项目 　　　　　表 2.6.2-1

序号	项目		允许偏差（mm）
1	轴线偏位		跨径/10000
2	顶面高程		±10
3	断面尺寸	高度	−10，+5
		宽度	±30
		底宽或肋间宽	±20
		顶、底、腹板厚或肋宽	0，+10
4	横坡（%）		±0.15
5	平整度		8
6	预埋件位置		5

悬臂浇筑混凝土主梁实测项目 　　　　　表 2.6.2-2

序号	项目		允许偏差（mm）
1	轴线偏位	$L \leqslant 200\text{m}$	10
		$L > 200\text{m}$	$L/20000$
2	断面尺寸	宽度	−8，+5
		高度	−8，+5
		壁厚	0，+5
3	长度		±10
4	节段高差		5
5	预应力筋轴线偏位		10
6	拉索索力		符合设计和施工控制要求
7	索管轴线偏位		10
8	横坡（%）		±0.15
9	平整度		8
10	预埋件位置		5

注：L 为节段长度。

悬臂拼装混凝土主梁实测项目 　　　　　表 2.6.2-3

序号	项目	允许偏差（mm）
1	轴线偏位	10
2	节段高差	5

序号	项目	允许偏差（mm）
3	预应力筋轴线偏位	10
4	拉索索力	符合设计和施工控制要求
5	索管轴线偏位	10

3. 优良工艺图例

优良工艺图例见图 2.6.2-1～图 2.6.2-4。

图 2.6.2-1　混凝土主梁悬臂浇筑

图 2.6.2-2　主梁挂篮施工

图 2.6.2-3　钢主梁节段

图 2.6.2-4　钢主梁节段安装

2.6.3　拉索

1. 工艺控制要点

（1）吊装时不宜使用起重钩或容易对索体产生集中应力的吊具直接挂扣拉索，宜采用带胶垫的管形夹具和尼龙吊带并设置多吊点进行起吊。

（2）拉索的内置式减振圈和外置式抑振器未安装前，应采取有效措施，保证塔、梁两端的索管和锚头不受到水或其他介质的污染和腐蚀。

（3）拉索外套管的连接接头采用热熔焊接接头时，热熔焊接的温度应符合外套管材料的要求。

（4）牵引安装钢绞线时，其牵引装置必须安全可靠，牵引过程中钢绞线不得产生弯折，转向时应通过导向轮实现。每根钢绞线安装就位后，均应及时用夹片锁定。

（5）钢绞线拉索宜采用单根安装、单根张拉、最后再整体张拉的施工方法。单根钢绞线的张拉应按分级、等值的原则进行，整体张拉时应以控制所有钢绞线的延伸量相同为原则。拉索整体张拉完成后，宜对各个锚固单元进行顶压，并安装防松装置。

（6）拉索的张拉工作全部完成后，应及时对塔、梁两端的锚固区进行最后的组装以及抗震防护与防腐处理。

2. 质量实测项目

斜拉桥拉索实测项目见表 2.6.3-1。

<table>
<tr><td colspan="4" align="right">斜拉桥拉索实测项目　　　　　　　　　　　　　　　表 2.6.3-1</td></tr>
<tr><td>序号</td><td colspan="2">项目</td><td>允许偏差（mm）</td></tr>
<tr><td rowspan="2">1</td><td rowspan="2">斜拉索长度</td><td>≤100m</td><td>±20</td></tr>
<tr><td>>100m</td><td>±1/5000 索长</td></tr>
<tr><td>2</td><td colspan="2">PE 防护厚度</td><td>−0.5，+1.0</td></tr>
<tr><td>3</td><td colspan="2">锚板孔眼直径 D</td><td>$d < D < 1.15d$（d 为钢丝直径）</td></tr>
<tr><td>4</td><td colspan="2">镦头尺寸</td><td>镦头直径≥$1.4d$，镦头高度≥d</td></tr>
<tr><td>5</td><td colspan="2">锚具附近密封处理</td><td>符合设计要求</td></tr>
</table>

3. 优良工艺图例

优良工艺图例见图 2.6.3-1～图 2.6.3-4。

图 2.6.3-1　劲性骨架固定索道管

图 2.6.3-2　拉索安装过程的保护措施

图 2.6.3-3　斜拉索安装采用多点起吊

图 2.6.3-4　采用热镀锌的索道管

4.质量问题图例

质量问题图例见图 2.6.3-5～图 2.6.3-8。

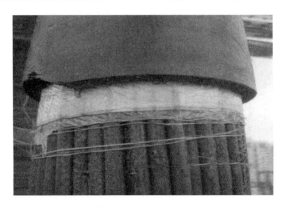

图 2.6.3-5 索体钢丝锈蚀

图 2.6.3-6 斜拉索防水罩开裂

图 2.6.3-7 不锈钢保护套管设计施工不当

图 2.6.3-8 拉索偏离预埋管中心

2.7 钢箱梁桥

2.7.1 钢箱梁制作

1.工艺控制要点

（1）进行钢结构下料、制孔控制。切割前钢材表面的清洁度、平整度、切割尺寸、断面的粗糙度、垂直度、缺口深度及坡口角度等符合要求；装配及施焊处的表面需处理。

（2）钢结构构件拼装前应对小料进行矫正，由放样人员划出中心线、定位线，待检验合格后才准点焊固定，应待检验后才准交付正式焊接。

（3）进行钢结构矫正及表面处理。从下料前到下料、埋弧焊、组装手工焊等均须矫正，以确保构件的尺寸、质量、形状满足规范要求，严格控制弯曲、扭曲变形。

（4）加工后的零件、部件、构件应均按规定进行边缘加工，去除毛刺、焊渣、焊接飞溅物、污垢等，并进行表面检查。待构件成品并去净表面后，用抛丸除锈机进行表面除锈处理。

2. 质量实测项目

钢箱梁制作实测项目见表 2.7.1-1。

钢箱梁制作实测项目　　　　　　　　　　　　　　　　表 2.7.1-1

序号	项目		允许偏差（mm）
1	梁段长		±2
2	梁段桥面板四角高差		4
3	风嘴直线度偏差		$L/2000$，且≤6，L 为量测长度
4	端口尺寸	宽度	±4
		中心高	±2
		边高	±3
		横断面对角线长度差	4
5	锚箱	锚点	±4
		斜拉索轴线角度（°）	0.5
6	梁段匹配性	纵桥向中心线偏差	1
		顶、底、腹板对接间隙	−1 3
		顶、底、腹板对接错台	2

3. 优良工艺图例

优良工艺图例见图 2.7.1-1～图 2.7.1-4。

图 2.7.1-1　钢箱梁开料

图 2.7.1-2　钢箱梁开孔

图 2.7.1-3　钢箱梁肋板焊接

图 2.7.1-4　钢箱梁加工成型

4. 质量问题图例

质量问题图例见图 2.7.1-5～图 2.7.1-8。

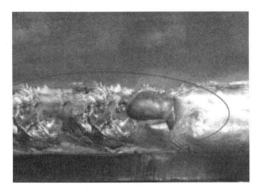

图 2.7.1-5　钢箱梁焊接气孔、砂眼

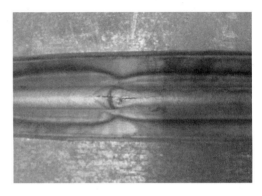

图 2.7.1-6　钢箱梁产生焊接裂纹

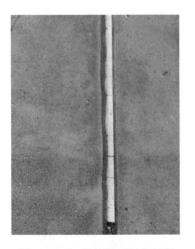

图 2.7.1-7　钢箱梁开料线不顺
直、没按要求开坡口

图 2.7.1-8　钢箱梁焊缝不饱满

2.7.2　钢箱梁安装

1. 工艺控制要点

（1）钢箱梁分段在每个接缝处设置一组临时支架，临时支架用钢管柱组焊成一组，每根墩柱两侧支架可依附墩柱基础进行安装。

（2）根据已审批吊装施工方案的吊装顺序，依次进行吊装。根据钢箱梁分段就位姿态，配备调节好钢丝绳长度，再采用汽车吊或架桥机分段吊装。

（3）钢箱梁粗定位后，通过水平千斤顶实现梁段横向移动、通过手拉葫芦实现梁段的纵向移动，再用千斤顶将钢箱梁顶起，通过调整钢墩的高度将梁段顶起或落下，每次约10～20mm，反复此过程，直至达到监控数据的要求。

（4）梁段吊装完成后对钢箱梁分段的桥梁中心线、竖向线型进行调整，按照腹板、顶板、底板的顺序进行对接缝的码平，保证对接缝板面错位不大于1.0mm。

2. 质量实测项目

钢箱梁安装实测项目见表 2.7.2-1。

钢箱梁安装实测项目　　　　　　　　　　　　表 2.7.2-1

序号	项目	允许偏差（mm）
1	轴线偏位	10
2	梁段的纵向位置	10
3	梁顶高程	±10
4	梁顶水平度	10
5	相邻节段匹配高度	2

3. 优良工艺图例

优良工艺图例见图 2.7.2-1～图 2.7.2-4。

图 2.7.2-1　钢箱梁临时支墩

图 2.7.2-2　钢箱梁墩顶块安装

图 2.7.2-3　钢箱梁安装

图 2.7.2-4　钢箱梁双机台吊安装

4. 质量问题图例

质量问题图例见图 2.7.2-5～图 2.7.2-8。

图 2.7.2-5　高强度螺栓紧固后丝扣未外露

图 2.7.2-6　支座螺栓没拆除

图 2.7.2-7　拼缝位置存在高差

图 2.7.2 8　拼缝不顺直

2.7.3　钢结构防腐

1. 工艺控制要点

（1）防腐涂料应有良好的附着性、耐蚀性，其底漆应具有良好的封孔性能。

（2）涂装前钢材表面除锈等级应满足设计要求并符合现行国家标准的规定。处理后的钢材表面不应有焊渣、焊疤、灰尘、油污、水和毛刺等。

（3）首层底漆于除锈后 4h 内开始，8h 内完成。涂装时的环境温度和相对湿度应符合涂料说明书规定，当无规定时，环境温度在 5～38℃，相对湿度不得大于 85%；当相对湿度大于 75% 时应在 4h 内涂完。

（4）各梁段拼装焊接作业完成之后，及时补涂装。

（5）涂料、涂装层数应符合设计要求；涂层干漆膜总厚度应符合设计要求。当规定层数达不到最小干漆膜总厚度时，应增加层数。

（6）涂装应在天气晴朗、4 级（不含）以下风力时进行，夏季应避免阳光直射。涂装时构件表面不应有结露，涂装后 4h 内应采取防护措施。

2. 质量实测项目

钢箱梁涂层允许偏差见表 2.7.3-1。

钢箱梁涂层允许偏差　　　　　　　　　　表 2.7.3-1

序号	项目	允许偏差
1	涂装遍数	≥设计要求
2	每一涂层最小厚度	≥设计要求的 90%
3	涂层干漆膜总厚	≥设计要求

3. 优良工艺图例

优良工艺图例见图 2.7.3-1～图 2.7.3-4。

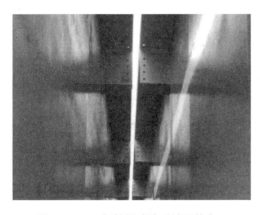

图 2.7.3-1　钢箱梁喷涂后漆面均匀 1

图 2.7.3-2　涂装合格的钢箱梁

图 2.7.3-3　钢箱梁喷涂后漆面均匀 2

图 2.7.3-4　钢箱梁喷涂后漆面均匀 3

4. 质量问题图例

质量问题图例见图 2.7.3-5～图 2.7.3-8。

图 2.7.3-5　钢箱梁底面锈蚀

图 2.7.3-6　钢箱梁边角涂层没做防腐处理

图 2.7.3-7　防腐漆整块剥离

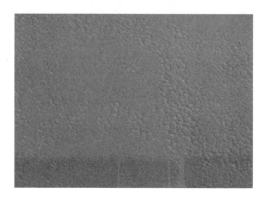

图 2.7.3-8　钢结构涂装皱皮

2.8　桥面及附属工程

2.8.1　支座

1. 工艺控制要点

（1）当实际支座安装温度与设计要求不同时，应通过计算设置支座顺桥方向的预偏量。

（2）支座安装平面位置和顶面高程必须正确，不得偏斜、脱空、不均匀受力。

（3）支座滑动面上的聚四氟乙烯滑板和不锈钢板位置应正确，不得有划痕、碰伤。

（4）活动支座安装前应采用丙酮或酒精解体清洗其各相对滑移面，擦净后在聚四氟乙烯板顶面凹槽内满注硅脂。重新组装时应保持精度。

2. 质量实测项目

支座安装实测项目见表 2.8.1-1。

支座安装实测项目
表 2.8.1-1

序号	检查项目		允许偏差（mm）
1	支座中心横向横桥向偏位		≤3
2	支座中心横向顺桥向偏位		≤5
3	支座中心与主梁中心线偏位		≤3
4	支座高程		满足设计要求；设计未要求时，偏差±5
5	支座四角高程	承压力≤5000kN	≤2
		承压力>5000kN	≤3
6	支座上下各部件纵轴线偏位		≤2

3. 优良工艺图例

优良工艺图例见图 2.8.1-1～图 2.8.1-4。

图 2.8.1-1　圆形板式橡胶支座

图 2.8.1-2　盆式支座

图 2.8.1-3　支座垫石预留螺栓孔

图 2.8.1-4　盘式支座安装后

4. 质量问题图例

质量问题图例见图 2.8.1-5～图 2.8.1-8。

图 2.8.1-5　支座垫石开裂

图 2.8.1-6　支座与梁脱空

图 2.8.1-7　矩形板式橡胶支座纵横向位置放反

图 2.8.1-8　不锈钢板安装在垫石上方

2.8.2　伸缩装置

1. 工艺控制要点

（1）伸缩装置安装前，检查伸缩缝预埋筋的锚固宽度；用高压水枪清除伸缩缝槽内杂物，并检查其是否干净。

（2）伸缩缝安装固定时，应用角钢等临时稳固定位，伸缩缝的中心线与梁端中心线相重合，伸缩缝顶面比沥青混凝土路面的标高要低 1～2mm。

（3）固定时按伸缩缝边梁的锚固装置与预留槽的预埋筋从桥宽一侧向另一侧依次每隔 2～3 个锚固筋焊一个焊点，从两侧对称施焊，严禁从一端平移施焊。

（4）固定后对伸缩缝的标高再复测一遍，确认没有出现变形、偏差后，把锚固钢筋与预埋钢筋在两侧同时焊牢，一次全部焊牢。

（5）确保模板在混凝土振捣时不出现移动，防止砂浆流入缝内，影响伸缩缝的使用。

（6）混凝土浇筑前，应将缝两侧铺上塑料布，以避免混凝土污染路面。严格控制混凝土表面平整度，使其与伸缩缝装置的顶面平齐。

2. 质量实测项目

伸缩装置安装实测项目见表 2.8.2-1。

伸缩装置安装实测项目 表 2.8.2-1

序号	检查项目		允许偏差（mm）
1	长度		满足设计要求
2	缝宽		满足设计要求
3	与桥面高差		≤3
4	纵坡（%）	一般	±0.5
		大型	±0.2
5	横向平整度		≤3
6	焊缝尺寸		满足设计要求；设计未要求时，按焊缝质量二级
7	焊缝探伤		

3. 优良工艺图例

优良工艺图例见图 2.8.2-1～图 2.8.2-4。

图 2.8.2-1　钢筋焊接

图 2.8.2-2　桥梁伸缩缝

图 2.8.2-3　伸缩缝施工效果

图 2.8.2-4　伸缩缝维护

4. 质量问题图例

质量问题图例见图 2.8.2-5～图 2.8.2-10。

图 2.8.2-5　伸缩缝锚固区混凝土破损、凿除

图 2.8.2-6　锚固钢筋未与预埋钢筋可靠连接

图 2.8.2-7　伸缩缝预埋钢筋不足、位置错误

图 2.8.2-8　伸缩缝缝宽过大锚固混凝土破损

图 2.8.2-9　梁端预留缝缝宽过大

图 2.8.2-10　伸缩缝堵塞缺陷

2.8.3　桥面防水与排水

1. 桥梁防水

（1）工艺控制要点

1）桥面防水层使用的涂料、卷材、胶粘剂及辅助材料必须符合环保要求。

2）桥面采用热铺沥青混合料作磨耗层时，应使用可耐 140～160℃高温的高聚物改性沥青等防水卷材及防水涂料。

3）防水层完成后应加强成品保护，防止压破、刺穿、划痕损坏防水层，并及时经验收合格后铺设桥面铺装层。

4）防水层严禁在雨天、雪天和 5 级（含）以上大风天气施工。气温低于−5℃时不宜施工。

5）涂膜防水层的胎体材料，应顺流水方向搭接，搭接宽度长边不得小于 50mm，短边不得小于 70mm，上下层胎体搭接缝应错开 1/3 幅宽。

6）卷材防水层应顺桥方向铺贴，应自边缘最低处开始，顺流水方向搭接，长边搭接宽度宜为 70～80mm，短边搭接宽度宜为 100mm，上下层搭接缝错开距离不应小于 300mm。

（2）质量实测项目

防水层实测项目见表 2.8.3-1。

防水层实测项目　　　　　　　　　　　　　　　　表 2.8.3-1

序号	检查项目	允许偏差
1	厚度	满足设计要求；平均厚度≥设计厚度
	防水涂料用量	满足设计要求
2	防水层粘结强度	在合格标准内
3	混凝土粘结面含水率	满足设计要求

注：对防水层厚度、用量，仅需检查其中之一，渗透性防水涂料检查用量，其他涂料在用测厚仪困难时，检查用量。

（3）优良工艺图例

优良工艺图例见图 2.8.3-1～图 2.8.3-4。

图 2.8.3-1　防水卷材铺设施工 1

图 2.8.3-2　防水涂层施工

图 2.8.3-3　防水卷材铺设施工 2

图 2.8.3-4　防水涂料施工

（4）质量问题图例

质量问题图例见图 2.8.3-5、图 2.8.3-6。

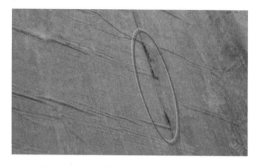

图 2.8.3-5　搭接不严密，粘贴不牢固

图 2.8.3-6　防水卷材破损

2. 桥梁排水

（1）工艺控制要点

1）泄水孔的顶面不宜高于水泥混凝土调平层的顶面，且在泄水孔的边缘宜设渗水盲沟，使桥面上的积水能顺利排出。

2）泄水管的安装施工应符合设计规定，并应合理设置泄水口的位置，使排水不会冲刷墩台的基础。

3）汇水槽、泄水口顶面高程应低于桥面铺装层 10～15mm。

4）泄水管下端至少应伸出构筑物底面 100～150mm。泄水管宜通过竖向管道直接引至地面或雨水管线，其竖向管道应采用抱箍、卡环、定位卡等预埋件固定在结构物上。

（2）质量实测项目

桥面泄水口位置实测项目见表 2.8.3-2。

桥面泄水口位置实测项目　　　　　　　　　　　　　　　　表 2.8.3-2

序号	项目	允许偏差（mm）
1	高程	−10，0
2	间距	±100

（3）优良工艺图例

优良工艺图例见图 2.8.3-7～图 2.8.3-10。

图 2.8.3-7　弹簧管暗埋式泄水孔 1

图 2.8.3-8　弹簧管暗埋式泄水孔 2

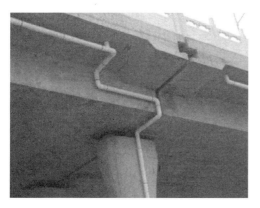

图 2.8.3-9　桥梁排水管 1　　　　　　　图 2.8.3-10　桥梁排水管 2

（4）质量问题图例

质量问题图例见图 2.8.3-11～图 2.8.3-14。

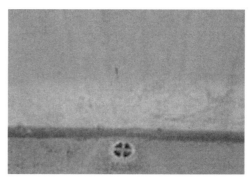

图 2.8.3-11　桥面排水不畅　　　　　图 2.8.3-12　泄水口高于铺装层、高于防水层

图 2.8.3-13　桥面进水口过高　　　　　图 2.8.3-14　桥面进水口堵塞

2.8.4　混凝土桥面铺装

1. 工艺控制要点

（1）桥面防水层经验收合格后应及时进行桥面铺装层施工。雨天和雨后桥面未干燥时，不得进行桥面铺装层施工。桥面铺装工作应在梁体的横向联结钢板焊接工作或湿接缝

浇筑完成后，方可进行。

（2）铺装层的厚度、配筋、混凝土强度等应符合设计要求。

（3）铺装层的基面（裸梁或防水层保护层）应粗糙、干净，并于铺装前湿润。

（4）桥面钢筋网应位置准确、连续。铺装层表面应作防滑处理。铺装施工前应使梁、板顶面粗糙，清洗干净，并应按设计要求铺设纵向接缝钢筋和桥面钢筋网。

（5）水泥混凝土桥面铺装，其做面应采取防滑措施，做面宜分两次进行，第二次抹平后，应沿横坡方向拉毛或采用机具压槽，拉毛或压槽的深度应符合有关规定。

（6）水泥混凝土桥面铺装如设计为防水混凝土，施工时应按防水混凝土的相关规定执行。

2. 质量实测项目

混凝土桥面铺装实测项目见表 2.8.4-1。

混凝土桥面铺装实测项目　　　　　　　　表 2.8.4-1

序号	检查项目		允许偏差（mm）	
			快速路、主干道	其他道路
1	混凝土强度		在合格标准内	
2	厚度		−5，+10	
3	平整度	σ	≤1.32	≤2.0
		IRI（m/km）	≤2.2	≤3.3
		最大间隙 h	≤3	≤5
4	横坡		±0.15%	±0.25%
5	抗滑构造深度		0.7~1.1	0.5~0.9

注：表中 σ 为平整度仪测定的标准差；IRI 为国际平整度指数；h 为 3m 直尺与面层的最大间隙。

3. 优良工艺图例

优良工艺图例见图 2.8.4-1～图 2.8.4-4。

图 2.8.4-1　基准线控制保证钢筋保护层厚度

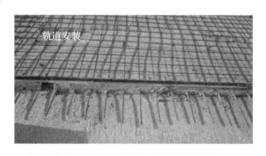

图 2.8.4-2　泡沫止浆剂防漏浆

图 2.8.4-3　桥面铺装混凝土浇筑

图 2.8.4-4　桥面铺装混凝土磨光收面

4. 质量问题图例

质量问题图例见图2.8.4-5～图2.8.4-8。

图 2.8.4-5 桥面钢筋沉底　　　　图 2.8.4-6 垫块不符合要求

图 2.8.4-7 桥面横向裂缝　　图 2.8.4-8 水泥混凝土桥面铺装平整度差

2.8.5 沥青桥面铺装

1. 工艺控制要点

（1）桥面防水层经验收合格后应及时进行桥面铺装层施工。雨天和雨后桥面未干燥时，不得进行桥面铺装层施工。

（2）铺筑前应在桥面防水层上撒布一层沥青石屑保护层，或在防水粘结层上撒布一层石屑保护层，并用轻碾慢压。

（3）沥青铺装宜采用双层式，底层宜采用高温稳定性较好的中粒式密级配热拌沥青混合料，表层应采用防滑面层。

（4）铺装的层数和厚度应符合设计规定，铺装前应对桥面进行检查，桥面应平整、粗糙、干燥、整洁；并在铺筑沥青混凝土前应洒布黏层沥青。

2. 质量实测项目

沥青桥面铺装实测项目见表2.8.5-1。

沥青桥面铺装实测项目　　　　　　　　　　　　表 2.8.5-1

序号	检查项目	允许偏差（mm）	
		快速路、主干道	其他道路
1	压实度	≥试验室标准密度的96%（×98%） ≥最大理论密度的92%（×94%） ≥试验段密度的98%（×99%）	

续表

序号	检查项目		允许偏差（mm）	
			快速路、主干道	其他道路
2	厚度			-5，$+10$
3	平整度	σ	≤1.2	≤2.5
		IRI（m/km）	≤2.0	≤4.2
		最大间隙 h	—	≤5
4	渗水系数（mL/min）	SMA		≤80
		其他		≤100
5	横坡		±0.3%	±0.5%
6	抗滑构造深度		满足设计要求	—

注：表中 σ 为平整度仪测定的标准差；IRI 为国际平整度指数；h 为 3m 直尺与面层的最大间隙。

3. 优良工艺图例

优良工艺图例见图 2.8.5-1～图 2.8.5-4。

图 2.8.5-1 桥面沥青铺装粘结层施工

图 2.8.5-2 桥面沥青铺装层施工

图 2.8.5-3 冲洗桥面，防止运输车污染桥面

图 2.8.5-4 摊铺、碾压设备停放用篷布或彩条布与沥青层隔开

4. 质量问题图例

质量问题图例见图 2.8.5-5～图 2.8.5-10。

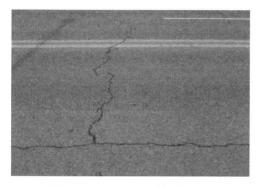

图 2.8.5-5　桥面沥青铺装开裂

图 2.8.5-6　桥面沥青铺装车辙

图 2.8.5-7　桥面沥青铺装脱层

图 2.8.5-8　桥面沥青铺装坑槽

图 2.8.5-9　沥青混凝土面层拥包

图 2.8.5-10　沥青路面松散、剥落

2.8.6　桥面防护设施

1. 人行道栏杆安装

（1）工艺控制要点

1）人行道栏杆宜在桥面、人行道铺装完成后安装。

2）人行道栏杆设施部分采用混凝土预制构件安装时，砂浆强度应符合设计要求，当设计无规定时，宜采用 M20 水泥砂浆。

3）栏杆安装应牢固，其杆件连接处的填缝料应饱满平整，强度应满足设计要求。人行道栏杆采用榫槽连接时，安装就位后应用硬塞块固定，灌浆固结。

4）采用金属栏杆时，焊接必须牢固，毛刺应打磨平整，并及时除锈防腐。

（2）质量实测项目

人行道栏杆实测项目见表 2.8.6-1。

人行道栏杆实测项目 表 2.8.6-1

序号	检查项目	允许偏差（mm）
1	栏杆平面偏位	≤4
2	扶手高度	+10
	柱顶高差	≤4
3	接缝两侧扶手高差	≤3
4	竖杆或柱纵、横向竖直度	≤4

（3）优良工艺图例

优良工艺图例见图 2.8.6-1～图 2.8.6-4。

图 2.8.6-1　伸缩缝处栏杆断开

图 2.8.6-2　人行道护栏与桥面绿化结合

图 2.8.6-3　优良人行道护栏成品

图 2.8.6-4　优良人行道护栏成品

（4）质量问题图例

质量问题图例见图 2.8.6-5、图 2.8.6-6。

图 2.8.6-5　人行道护栏生锈破损　　　图 2.8.6-6　人行道护栏配件缺失

2. 混凝土防撞护栏安装

（1）工艺控制要点

1）混凝土护栏应在桥面的两侧对称进行施工；对结构重心位于梁体以外的悬臂式混凝土护栏，应在与主梁横向联结或拱上结构完成后方可施工。

2）对就地现浇的混凝土护栏，宜在顺桥向设断缝或假缝；在温差较大的地区，断缝或假缝的设置间距宜再适当减小。

3）混凝土护栏的模板宜采用钢模，支模时宜在其顶部和底部各设一道对拉螺杆，或采用其他固定模板的可靠装置。

4）护栏上的钢构件应焊接牢固，并按设计要求进行防护。

（2）质量实测项目

混凝土栏杆防撞护栏实测项目见表 2.8.6-2。

混凝土栏杆防撞护栏实测项目　　　　　　　　　　　表 2.8.6-2

序号	检查项目	允许偏差（mm）	序号	检查项目	允许偏差（mm）
1	混凝土强度	在合格标准内	3	断面尺寸	±5
2	平面偏位	≤4	4	竖直度	≤4
	柱顶高差	≤4	5	预埋件位置	≤5

注：护栏长度不满 200m，按 200m 处理。

（3）优良工艺图例

优良工艺图例见图 2.8.6-7～图 2.8.6-10。

图 2.8.6-7　防撞栏绑扎钢筋　　　　　图 2.8.6-8　模板安装

图 2.8.6-9　混凝土浇筑

图 2.8.6-10　防撞栏成品

（4）质量问题图例

质量问题图例见图 2.8.6-11、图 2.8.6-12。

图 2.8.6-11　混凝土脱落

图 2.8.6-12　混凝土集料沉底

第3章 隧 道 工 程

3.1 隧道工程技术标准及质量控制重点

3.1.1 施工及验收技术标准

1. 《岩土锚杆与喷射混凝土支护工程技术规范》GB 50086—2015
2. 《地下工程防水技术规范》GB 50108—2008
3. 《建筑地基基础工程施工质量验收标准》GB 50202—2018
4. 《混凝土结构工程施工质量验收规范》GB 50204—2015
5. 《地下防水工程质量验收规范》GB 50208—2011
6. 《地下铁道工程施工质量验收标准》GB/T 50299—2018
7. 《城市轨道交通工程测量规范》GB/T 50308—2017
8. 《复合土钉墙基坑支护技术规范》GB 50739—2011
9. 《沉管法隧道施工与质量验收规范》GB 51201—2016
10. 《地下铁道工程施工标准》GB/T 51310—2018
11. 《建筑与市政地基基础通用规范》GB 55003—2021
12. 《混凝土结构通用规范》GB 55008—2021
13. 《城市道路交通工程项目规范》GB 55011—2021
14. 《热力机械顶管技术标准》CJJ/T 284—2018
15. 《建筑基坑支护技术规程》JGJ 120—2012
16. 《公路隧道施工技术规范》JTG/T 3660—2020
17. 《水运工程质量检验标准》JTS 257—2008
18. 《疏浚与吹填工程技术规范》SL 17—2014
19. 《油气输送管道工程水域顶管法隧道穿越设计规范》SY/T 7022—2014
20. 《铁路隧道工程施工质量验收标准》TB 10417—2018
21. 《矩形顶管工程技术规程》T/CECS 716—2020

3.1.2 规范标准强制性条文

1. 《建筑与市政地基基础通用规范》GB 55003—2021

2.1.6 地基基础工程施工应采用经质量检验合格的材料、构件和设备，应根据设计要求和工程需要制定施工方案，并进行工程施工质量控制和工程监测。工程监测应确保数据的完整性、真实性和可靠性。

2.1.7 地基基础工程施工应采取措施控制振动、噪声、扬尘、废水、废弃物以及有毒有害物质对工程场地、周边环境和人身健康的危害。

2.1.8 当地下水位变化对建设工程及周边环境安全产生不利影响时，应采取安全、有效的处置措施。

2.1.9 地下水控制工程应采取措施防止地下水水质恶化，不得造成不同水质类别地下水的混融；且不得危及周边建（构）筑物、地下管线、道路、城市轨道交通等市政设施的安全，影响其正常使用。

2.3.1 地基基础工程施工前，应编制施工组织设计或专项施工方案。

2.3.2 地基基础工程施工应采取保证工程安全、人身安全、周边环境安全与劳动防护、绿色施工的技术措施与管理措施。

2.3.3 地基基础工程施工过程中遇有文物、化石、古迹遗址或遇到可能危及安全的危险源等，应立即停止施工和采取保护措施，并报有关部门处理。

2.3.4 地基基础工程施工应根据设计要求或工程施工安全的需要，对涉及施工安全、周边环境安全，以及可能对人身财产安全造成危害的对象或被保护对象进行工程监测。

2.3.5 地基基础工程施工质量控制及验收，应符合下列规定：

1 对施工中使用的材料、构件和设备应进行检验，材料、构件以及试块、试件等应有检验报告；

2 各施工工序应进行质量自检，施工工序之间应进行交接质量检验；

3 质量验收应在自检合格的基础上进行，隐蔽工程在隐蔽前应进行验收，并形成检查或验收文件。

7.1.4 基坑开挖与支护结构施工、基坑工程监测应严格按设计要求进行，并应实施动态设计和信息化施工。

7.1.5 安全等级为一级、二级的支护结构，在基坑开挖过程与支护结构使用期内，必须进行支护结构的水平位移监测和基坑开挖影响范围内建（构）筑物、地面的沉降监测。

7.4.1 基坑工程施工前，应编制基坑工程专项施工方案，其内容应包括：支护结构、地下水控制、土方开挖和回填等施工技术参数，基坑工程施工工艺流程，基坑工程施工方法，基坑工程施工安全技术措施，应急预案，工程监测要求等。

7.4.2 基坑、管沟边沿及边坡等危险地段施工时，应设置安全护栏和明显的警示标志。夜间施工时，现场照明条件应满足施工要求。

7.4.3 基坑开挖和回填施工，应符合下列规定：

1 基坑土方开挖的顺序应与设计工况相一致，严禁超挖；基坑开挖应分层进行，内支撑结构基坑开挖尚应均衡进行；基坑开挖不得损坏支护结构、降水设施和工程桩等；

2 基坑周边施工材料、设施或车辆荷载严禁超过设计要求的地面荷载限值；

3 基坑开挖至坑底标高时，应及时进行坑底封闭，并采取防止水浸、暴露和扰动基底原状土的措施；

4 基坑回填应排除积水，清除虚土和建筑垃圾，填土应按设计要求选料，分层填筑压实，对称进行，且压实系数应满足设计要求。

7.4.4 支护结构施工应符合下列规定：

1 支护结构施工前应进行工艺性试验确定施工技术参数；

2 支护结构的施工与拆除应符合设计工况的要求，并应遵循先撑后挖的原则；

3　支护结构施工与拆除应采取对周边环境的保护措施，不得影响周边建（构）筑物及邻近市政管线与地下设施等的正常使用；支撑结构爆破拆除前，应对永久性结构及周边环境采取隔离防护措施。

7.4.6　地下水控制施工应符合下列规定：

1　地表排水系统应能满足明水和地下水的排放要求，地表排水系统应采取防渗措施；

2　降水及回灌施工应设置水位观测井；

3　降水井的出水量及降水效果应满足设计要求；

4　停止降水后，应对降水管采取封井措施；

5　湿陷性黄土地区基坑工程施工时，应采取防止水浸入基坑的处理措施。

7.4.7　基坑工程监测，应符合下列规定：

1　基坑工程施工前，应编制基坑工程监测方案；

2　应根据基坑支护结构的安全等级、周边环境条件、支护类型及施工场地等确定基坑工程监测项目、监测点布置、监测方法、监测频率和监测预警值；

3　基坑降水应对水位降深进行监测，地下水回灌施工应对回灌量和水质进行监测；

4　逆作法施工应进行全过程工程监测。

7.4.8　基坑工程监测数据超过预警值，或出现基坑、周边建（构）筑物、管线失稳破坏征兆时，应立即停止基坑危险部位的土方开挖及其他有风险的施工作业，进行风险评估，并采取应急处置措施。

7.4.9　基坑工程施工验收检验，应符合下列规定：

1　水泥土支护结构应对水泥土强度和深度进行检验；

2　排桩支护结构、地下连续墙应对混凝土强度、桩身（墙体）完整性和深度进行检验，嵌岩支护结构应对桩端的岩性进行检验；

3　混凝土内支撑应对混凝土强度和截面尺寸进行检验，钢支撑应对截面尺寸和预加力进行检验；

4　土钉、锚杆应进行抗拔承载力检验；

5　基坑降水应对降水深度进行检验，基坑回灌应对回灌量和回灌水位进行检验；

6　基坑开挖应对坑底标高进行检验；

7　基坑回填时，应对回填施工质量进行检验。

注：由于《建筑与市政地基基础通用规范》GB 55003—2021 的颁布，原如下强条废止：

（1）《岩土锚杆与喷射混凝土支护工程技术规范》GB 50086—2015 第 4.5.3、12.1.9、13.1.1 条；

（2）《土方与爆破工程施工及验收规范》GB 50201—2012 第 4.1.8、4.5.4、5.1.12、5.2.10、5.4.8 条；

（3）《建筑地基基础工程施工质量验收标准》GB 50202—2018 第 5.1.3 条；

（4）《建筑边坡工程技术规范》GB 50330—2013 第 3.1.3、3.3.6、18.4.1、19.1.1 条；

（5）《建筑基坑工程监测技术标准》GB 50497—2019 第 3.0.1、8.0.9 条；

（6）《复合土钉墙基坑支护技术规范》GB 50739—2011 第 6.1.3 条；

（7）《建筑地基基础工程施工规范》GB 51004—2015 第 5.5.8、5.11.4、6.1.3、

6.9.8 条；

(8)《建筑桩基技术规范》JGJ 94—2008 第 3.1.3、3.1.4、5.2.1、5.4.2、5.5.1、5.5.4、5.9.6、5.9.9、5.9.15、8.1.5、8.1.9、9.4.2 条；

(9)《建筑基桩检测技术规范》JGJ 106—2014 第 4.3.4、9.2.3、9.2.5、9.4.5 条；

(10)《建筑与市政工程地下水控制技术规范》JGJ 111—2015 第 3.1.9 条；

(11)《建筑基坑支护技术规程》JGJ 120—2012 第 3.1.2、8.1.3、8.1.4、8.1.5、8.2.2 条。

2.《混凝土结构通用规范》GB 55008—2021

见本书"2.1.2 规范标准强制性条文"的"3.《混凝土结构通用规范》GB 55008—2021"的相关内容。

3.《城市道路交通工程项目规范》GB 55011—2021

7.2.7 隧道施工应根据地质条件、隧道主体结构以及周边环境等因素，针对技术难点和质量安全风险点编制专项施工方案、监测方案和应急预案，并应实施全过程动态管理。

注：由于《城市道路交通工程项目规范》GB 55011—2021 的颁布，原如下强条废止：

(1)《沉管法隧道施工与质量验收规范》GB 51201—2016 第 8.1.7、10.1.4、14.1.4、14.2.3 条。

3.1.3 创优质量控制重点

1. 实体质量

(1) 明挖法隧道：隧道长度、净宽、净高，隧道底板、立墙、顶板的结构尺寸满足要求；结构混凝土的抗压强度、抗渗等级满足要求；钢筋规格、数量、间距、保护层满足要求；沉降缝处的止水带安装位置准确，无渗漏水；结构无明显裂缝；隧道底板、外墙、顶板无明显渗漏水；结构外防水层质量满足要求；变形缝、施工缝、穿墙管等细部结构防水质量满足要求等。

(2) 暗挖法隧道：隧道长度、净空满足设计要求；超挖余量及欠挖控制满足规范要求；喷射混凝土的厚度和强度、锚杆的长度和间距满足要求；超前小导管的数量、间距、长度满足要求；防水层的规格及施工满足要求；二衬混凝土厚度及强度满足要求，二衬背部无空洞；初衬及二衬无明显渗漏水；施工缝、变形缝等位置的防水工程满足要求等。

(3) 沉管法隧道：基槽清淤的标高和宽度符合要求；管节制作长度、净宽、净高符合设计；管节底板、立墙、顶板的结构尺寸符合设计；管节混凝土的抗压强度、抗渗等级满足要求；管节接头的处理满足要求；隧道结构无裂缝、渗漏水现象；沉管隧道喷砂法、砂流法、压降法等后填法基础垫层施工符合要求；隧道基槽回填层的材料及厚度满足要求。

2. 外观质量

(1) 明挖法隧道：隧道结构各部位的混凝土色泽应一致，混凝土无裂缝、麻面、蜂窝、露筋等情况；隧道结构无明显渗漏水；隧道内路面平整坚实；检修道路缘石顺直，检修道表面平整等。

(2) 暗挖法隧道：隧道洞门、端墙的混凝土色泽均匀，线条顺直，轮廓清晰美观；浆砌片石边坡及仰坡表面平顺，砌缝密实，边坡及仰坡的岩石无裸露，地标植被恢复及水土保持良好，无冲刷痕迹；二衬混凝土无裂缝、麻面、蜂窝、露筋等情况；初衬及二衬无明显渗漏水；隧道内路面平整、顺直；检修道路缘石顺直，检修道表面平整等。

（3）沉管法隧道：隧道结构各部位的混凝土色泽均匀，混凝土无麻面、蜂窝、露筋等情况；隧道结构无裂缝；隧道结构无渗漏水；隧道内路面平整顺直；检修道路缘石顺直，检修道表面平整等。

3. 内业资料

（1）图纸会审、设计交底，施工图设计文件修改、变更、洽商应符合程序，记录完整。

（2）施工组织设计、施工方案、危险性较大的分部分项工程专项施工方案、技术交底、安全技术交底、施工日志、施工记录齐全，施组有质量目标，审批手续齐全。

（3）原材料、构配件、预制构件及商品混凝土的质量资料齐全，水泥、钢材、商品混凝土、防水材料等应具有出厂合格证明及现场检测报告。

（4）见证取样和送检记录：水泥、掺和料、外加剂、混凝土试块、钢材等见证取样和送检记录资料及相关试验（检验）报告单。

（5）施工试验资料：混凝土试块抗压、抗渗试验报告及统计评定；钢材检测试验报告；焊缝无损检验报告和焊缝重大修补记录等。

（6）实体检测及功能性检验资料：衬砌厚度检测记录，超前锚杆检查记录；道路平整度检测、道路抗滑检测记录、道路各结构层厚度检测记录；原状地基承载力试验、复合地基压板试验，软基处理桩体的单桩静载试验等。

（7）施工记录：混凝土浇筑施工记录，钻孔桩施工记录、地下连续墙施工记录、SMW工法桩施工记录、锚杆（索）钻孔施工记录、锚杆（索）注浆施工记录、预应力张拉及灌浆施工记录，沉管管节沉放对接施工记录，隧道管节顶进记录，路面摊铺施工记录等应内容完整、记录真实。

（8）测量及监测记录：控制点、基准线、水准点的复测记录，有放必复；矿山法隧道超前地质预报资料；明挖法隧道基坑施工监测报告；矿山法隧道施工监测资料；施工环境监测报告等。

（9）质量验收记录：检验批、分项、分部、单位工程验收及隐蔽工程验收记录应内容齐全、结论明确、签认手续完整，参与验收人员应具有相应资格。

3.2 明挖法隧道

3.2.1 基坑工程

1. 钻孔灌注排桩

（1）工艺控制要点

1）钻孔灌注桩排桩施工前，应对原材料进行检验，正式施工前应进行试成孔。

2）钻孔灌注桩施工过程中应加强桩孔定位、护筒设置、泥浆拌制、成孔、清底、钢筋笼加工吊放、混凝土灌注等过程的控制与验收。

3）钢筋笼安装后，进行中线调整、桩顶高程检查，并固定钢筋笼防止上浮。灌注水下混凝土前，应进行清孔处理。

4）灌桩前再次对孔位、孔深、沉渣厚度等进行复查；导管宜采用 $D250mm$ 钢管，接口应采用密封圈丝扣连接，不应采用法兰盘连接。导管吊放和提升不得碰撞钢筋笼。

5）桩头破除采用人工配合小型机具，严禁使用大型机械进行直接破除，不得随意扭曲或碰坏预留桩身钢筋。

（2）质量实测项目

灌注桩实测项目见表3.2.1-1。

灌注桩实测项目　　　　　　　　　　　　　　　表 3.2.1-1

序号	项目检查	允许偏差（mm）
1	孔径	≥设计值
2	桩长	≥设计值
3	桩身混凝土强度	≥设计值
4	桩位	≤50
5	垂直度	满足设计要求，且≤1/100；当桩墙合一时，≤1/200
6	桩顶标高	±50

（3）优良工艺图例

优良工艺图例见图 3.2.1-1～图 3.2.1-4。

图 3.2.1-1　钢护筒定位

图 3.2.1-2　孔底沉渣厚度验孔

图 3.2.1-3　钢筋笼定位

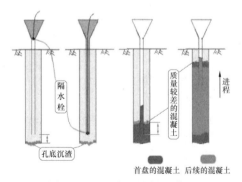

图 3.2.1-4　水下混凝土灌注

（4）质量问题图例

质量问题图例见图 3.2.1-5～图 3.2.1-8。

图 3.2.1-5　钢筋焊接轴线未对齐

图 3.2.1-6　灌注桩钢筋笼偏位过大

图 3.2.1-7　桩身露筋

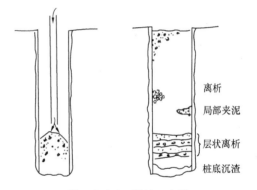

图 3.2.1-8　断桩、夹泥

2. 咬合桩

（1）工艺控制要点

1）咬合桩施工中应重点对导墙、成孔、钢筋笼制作与下放、混凝土浇筑等过程进行控制与验收。

2）导墙模板支立完成后设限位装置，防止模板向基坑内、外方向整体偏位。导墙混凝土浇筑时两侧对称浇筑，保证导墙顶面平整。

3）待导墙验收合格，套管桩机就位，每节套管压完后安装下一节套管前，应用测斜仪或"测环"进行孔内垂直度检查。

4）水下混凝土浇筑前，导管使用前必须进行导管气密性或水密性试验，防止导管漏浆造成浇筑过程中发生堵管或断桩。

（2）质量实测项目

咬合桩实测项目见表 3.2.1-2。

咬合桩实测项目　　　　　　　　　　　表 3.2.1-2

序号	项目检查	允许偏差（mm）
1	孔径	≥设计值

序号	项目检查	允许偏差（mm）
2	桩长	≥设计值
3	桩身混凝土强度	≥设计值
4	桩位	≤50
5	垂直度	满足设计要求，且≤1/100L（L 为桩长）
6	桩顶标高	±50
7	相邻桩搭接长度	满足设计要求；－50，＋200

（3）优良工艺图例

优良工艺图例见图 3.2.1-9～图 3.2.1-12。

图 3.2.1-9　导墙支模

图 3.2.1-10　导墙浇筑成型

图 3.2.1-11　下套筒

图 3.2.1-12　冲抓成孔

（4）质量问题图例

质量问题图例见图 3.2.1-13～图 3.2.1-16。

图 3.2.1-13　成孔偏斜

图 3.2.1-14　钢筋笼偏位

图 3.2.1-15　咬合桩位置侵入主体结构

图 3.2.1-16　桩顶标高控制不严

3. 地下连续墙

（1）工艺控制要点

1）地下连续墙施工前应对导墙的质量进行检查，施工中应定期对泥浆指标、钢筋笼的制作与安装、混凝土的坍落度、预制地下连续墙墙段安放、预制接头、墙底注浆、地下连续墙成槽及墙体等过程进行控制与验收。

2）泥浆相对密度、黏度、pH 应根据具体地质条件进行实验确定，不可套用。泥浆的制备应采用优质膨润土、纯碱、CMC。

3）成槽达到设计孔深后采用刷壁器壁进行处理，刷壁标准为最后一次提起来后刷壁器上部无明显泥土附着物。

4）钢筋笼下放时必须将钢筋笼型钢腹板对准分幅线下放，不得左右偏移。地连墙混凝土浇筑所用导管应进行气密性试验。

（2）质量实测项目

地下连续墙实测项目见表3.2.1-3。

地下连续墙实测项目 表 3.2.1-3

序号	检查项目	允许值（mm）
1	墙体强度	≥设计值
2	槽壁垂直度	≤1/200
3	槽段深度	≥设计值
4	槽段宽度	≥设计值
5	槽段轴线位置	≤50
6	沉渣厚度	≤150
7	预制墙顶标高	±10
8	预制墙中心位移	≤10

（3）优良工艺图例

优良工艺图例见图3.2.1-17～图3.2.1-22。

图 3.2.1-17　导墙支模

图 3.2.1-18　铣槽机成槽施工

图 3.2.1-19　泥浆比重、黏度测定

图 3.2.1-20　下放钢筋笼

图 3.2.1-21　预制地连墙下放

图 3.2.1-22　预制地连墙安装

（4）质量问题图例

质量问题图例见图 3.2.1-23～图 3.2.1-26。

图 3.2.1-23　导墙开挖欠规整

图 3.2.1-24　钢筋笼吊装位置不合理

图 3.2.1-25　泥夹层

图 3.2.1-26　槽段接头渗漏水

4. SMW 工法桩

（1）工艺控制要点

1）型钢水泥土搅拌桩施工前，应对进场的 H 型钢、原材料进行检验。

2）场地平整应保证场地稳固、平整，桩机就位控制要点为定位准确及保证桩机垂直度。

3）型钢进场后应进行质量验收，截面尺寸、平整度等应符合规范要求，型钢规格、焊缝质量应符合设计要求。减阻剂涂刷前，必须清除型钢表面铁锈或灰尘，涂刷均匀，确保涂层的粘结质量。

4）型钢插入过程用线锤校核垂直度，确保垂直。型钢下插至设计深度后，焊吊筋将型钢固定于槽钢之上。

（2）质量实测项目

三轴水泥土搅拌桩、内插型钢实测项目见表 3.2.1-4、表 3.2.1-5。

<table>
<tr><td colspan="3" align="center">三轴水泥土搅拌桩实测项目</td><td align="right">表 3.2.1-4</td></tr>
</table>

序号	检查项目	允许偏差（mm）
1	桩身强度	≥设计值
2	水泥用量	≥设计值
3	桩长	≥设计值
4	导向架垂直度	≤1/250
5	桩径	±20
6	桩位	≤50
7	桩顶标高	±200

<table>
<tr><td colspan="2" align="center">内插型钢实测项目</td><td align="right">表 3.2.1-5</td></tr>
</table>

序号	检查项目	允许偏差（mm）
1	型钢截面尺寸	高度和宽度：±3；壁厚：≥−1
2	型钢插入深度（桩长）	≥设计值
3	型钢位置	平行于基坑：≤50 垂直于基坑：≤10
4	型钢露出桩顶高度	≥设计值

（3）优良工艺图例

优良工艺图例见图 3.2.1-27～图 3.2.1-30。

图 3.2.1-27　场地平整

图 3.2.1-28　三轴拌桩施工

图 3.2.1-29　定位与垂直精度控制　　　　图 3.2.1-30　成品 SMW 工法桩

（4）质量问题图例

质量问题图例见图 3.2.1-31、图 3.2.1-32。

图 3.2.1-31　无导向架　　　　　　　　　图 3.2.1-32　型钢偏位

5. 土钉墙

（1）工艺控制要点

1）土钉墙施工前应对钢筋、钢管、水泥、砂、机械设备性能等进行检验；土钉墙应按土钉层数分层设置土钉、喷射混凝土面层、开挖基坑。应按设计要求采用成孔注浆型钢筋土钉或击入式钢管土钉。

2）钢筋土钉使用前，应调直并清除污锈，土钉成孔后应及时插入土钉杆体，遇塌孔、缩径时，应在处理后再插入钢筋土钉杆体。钢筋土钉顶部应完弯成直角，与加强筋绑扎连接，与连接钢板焊接。

3）钢筋土钉应采用两次注浆工艺。第一次灌注水泥砂浆，待初凝后第二次压注净水泥浆，注浆后维持压力 2min。

4）钢管土钉击入前应按要求钻设出浆孔和焊接倒刺，钢管头部应加工成尖锥状并封闭；钢管击入式的位置、深度、角度等偏差应满足要求。

5）钢管土钉直接注水泥浆，注浆压力不小于 0.6MPa，注浆顺序宜从管底向外分段进行，最后封孔。

6）钢筋网宜在喷射一层混凝土后铺设，钢筋与坡面的间隙不小于 20mm；采取双层钢筋网时，第二层钢筋网应在第一层钢筋网被混凝土覆盖后铺设。

7）喷射混凝土的骨料最大粒径不应大于 15mm；喷射混凝土应分段分片依次进行，同一分段内应自下而上喷射，一次喷射厚度不宜大于 12cm，喷射混凝土终凝 2h 后应喷水养护。

（2）质量实测项目

土钉墙支护实测项目见表 3.2.1-6。

土钉墙支护实测项目　　　　　　　　　　　　表 3.2.1-6

序号	检查项目	允许偏差（mm）
1	抗拔承载力	≥设计值
2	土钉长度	≥设计值
3	土钉位置	±100
4	土钉直径	≥设计值
5	土钉孔倾斜度	≤3°
6	注浆量	≥设计值
7	浆体强度	≥设计值
8	钢筋网间距	±30
9	土钉面层厚度	±10
10	面层混凝土强度	≥设计值

（3）优良工艺图例

优良工艺图例见图 3.2.1-33～图 3.2.1-36。

图 3.2.1-33　钻孔

图 3.2.1-34　挂设钢筋网

图 3.2.1-35　喷射混凝土

图 3.2.1-36　土钉墙成品

（4）质量问题图例

质量问题图例见图 3.2.1-37～图 3.2.1-40。

图 3.2.1-37　钢筋土钉未按要求焊居中支架

图 3.2.1-38　钢管土钉的头部未封闭

图 3.2.1-39　钢筋网松散

图 3.2.1-40　钢筋间距不均匀

6. 冠梁与内支撑

（1）工艺控制要点

1）施工前，应对放线尺寸、标高进行校核，对冠梁、混凝土支撑的钢筋和混凝土，钢支撑的产品构件、连接件以及钢立柱的制作质量等进行检验。

2）施工中应对内支撑的尺寸、位置、标高、支撑与围护结构的连接节点、钢支撑的连接节点和钢立柱的施工质量进行检验。

3）冠梁、混凝土支撑施工时应保证线型，对于软土地基应先施工垫层，防止支撑下层变形。混凝土支撑施工时完成后应进行养护，严禁挖机等设备碾压。

4）钢支撑安装完毕后根据设计要求确定是否施加预应力，施工过程中应检测钢支撑预应力是否有损失，若有损失及时补加预应力。

5）立柱桩采用钻孔灌注桩时，应在钻孔桩浇筑混凝土前预埋立柱。

6）支撑拆除应在形成可靠换撑并达到设计要求后进行，混凝土支撑拆除可采用机械拆除、爆破拆除等。

（2）质量实测项目

钢筋混凝土冠梁与支撑实测项目、钢支撑质量检验标准见表 3.2.1-7、表 3.2.1-8。

钢筋混凝土冠梁与支撑实测项目 　　　　　　　　　　表 3.2.1-7

序号	检查项目	允许偏差（mm）
1	混凝土强度	≥设计值
2	截面宽度	0，+20
3	截面高度	0，+20
4	标高	±20
5	轴线平面位置	≤20
6	支撑与垫层或模板的隔离措施	满足设计要求

钢支撑质量检验标准 　　　　　　　　　　　　表 3.2.1-8

序号	检查项目	允许偏差（mm）
1	外轮廓尺寸	±5
2	预加顶力（kN）	±10%
3	轴线平面位置	≤30
4	连接质量	满足设计要求

（3）优良工艺图例

优良工艺图例见图 3.2.1-41～图 3.2.1-44。

图 3.2.1-41　混凝土支撑钢筋绑扎

图 3.2.1-42　冠梁垫层

图 3.2.1-43　混凝土支撑养护

图 3.2.1-44　钢支撑施加顶力

（4）质量问题图例

质量问题图例见图 3.2.1-45～图 3.2.1-48。

图 3.2.1-45　钢支撑的连系梁未安装到位

图3.2.1-46　钢支撑在连系梁位置未设倒 U 形限位架

图 3.2.1-47　混凝土支撑线性差

图 3.2.1-48　钢支撑预应力不足

7. 支护锚杆

（1）工艺控制要点

1）锚杆（索）施工前应对钢绞线、锚具、水泥、机械设备等进行进场检验。锚杆施工中应对锚杆位置，钻孔直径、长度及角度，锚杆体长度，注浆配比、注浆压力及注浆量等进行检验。

2）应根据锚杆（索）类型、规格及围岩等情况合理选择钻孔机具，钻孔应与围岩壁面或其所在部位岩层的主要结构面垂直，钻孔应圆而直，砂浆锚杆的直径应大于杆体直径15mm，其他锚杆的钻孔直径应与杆体直径相匹配。

3）锚束放入钻孔之前，应检查孔道是否阻塞，查看孔道是否清理干净，并检查锚索体的质量，确保锚束组装满足设计要求，安放锚束时，应防止锚束扭压、弯曲。

4）注浆按规定选择水泥浆体材料注浆作业应连续紧凑，中途不得中断，使注浆工作在初始注入的浆液仍具塑性的时间内完成。

（2）质量实测项目

支护锚杆实测项目见表3.2.1-9。

支护锚杆实测项目　　　　　　　　　　表 3.2.1-9

序号	检查项目	允许偏差（mm）
1	抗拔承载力	≥设计值
2	预加力	≥设计值
3	锚杆长度	≥设计值
4	钻孔孔位	≤100
5	锚杆直径	≥设计值
6	钻孔倾斜度	≤3°

（3）优良工艺图例

优良工艺图例见图3.2.1-49～图3.2.1 52。

图 3.2.1-49　钻孔

图 3.2.1-50　锚索检查

图 3.2.1-51　张拉锚索

图 3.2.1-52　封锚

（4）质量问题图例

质量问题图例见图 3.2.1-53～图 3.2.1-56。

图 3.2.1-53　混凝土压烂

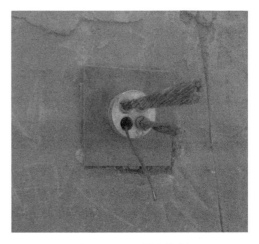

图 3.2.1-54　锚索拉断

图 3.2.1-55　灌浆不足

图 3.2.1-56　张拉预应力不足

8. 旋喷桩、搅拌桩止水帷幕

（1）工艺控制要点

1）水泥土搅拌桩基坑止水帷幕的施工机械通常采用单轴或双轴搅拌桩机。施工前，应确定灰浆泵输浆量、灰浆经输浆管到达搅拌机喷浆口的时间和起吊设备提升速度等施工参数，并应根据设计要求，通过工艺性成桩试验确定施工工艺。

2）搅拌桩水泥浆所使用的水泥应过筛，制备好的浆液不得离析，泵送浆应连续进行。拌制水泥浆液的罐数、水泥和外掺剂用量以及泵送浆液的时间应记录。

3）搅拌站注浆时，当水泥浆液到达出浆口后，应喷浆搅拌 30s，在水泥浆与搅拌桩的桩端土充分搅拌后，再开始提升搅拌头；施工过程中，如因故停浆，应将搅拌头下沉至停浆点以下 0.5m 处，待恢复供浆时，再喷浆搅拌提升壁状加固，相邻桩的施工时间间隔不宜超过 12h。

4）旋喷桩止水帷幕应按照设计要求采用单管、双管或三管旋喷桩机。设备进场后，设备组装完毕应调试，计量设备必须标定，确认合格后再进行组合调试，调试合格后方能投入使用。

5）拌制旋喷桩固化剂浆液时，浆液的搅拌在搅浆桶内必须搅足 90s，储浆桶内必须要有慢速搅动电机，防止浆液沉淀而造成浆液变稀，影响加固质量。

6）旋喷桩喷射应按照设计要求采用定喷、摆喷或 360°旋喷；注浆参数应符合规范规定，应由下而上喷射注浆；旋喷提升期间严格控制各项参数，保证旋喷桩的加固效果。

（2）质量实测项目

搅拌桩、旋喷桩止水帷幕实测项目见表 3.2.1-10。

搅拌桩、旋喷桩止水帷幕实测项目　　　　　　　　表 3.2.1-10

序号	检查项目	允许偏差（mm）
1	水泥用量	≥设计值
2	桩长	≥设计值
3	钻孔垂直度	满足设计要求，≤1/150
4	桩身强度	≥设计值
5	桩位	±20
6	桩径	搅拌桩：±20；旋喷桩：≥设计值
7	桩顶标高	±200

（3）优良工艺图例

优良工艺图例见图 3.2.1-57～图 3.2.1-60。

（4）质量问题图例

质量问题图例见图 3.2.1-61～图 3.2.1-64。

图 3.2.1-57　搅拌桩机调试

图 3.2.1-58　水泥浆制备

图 3.2.1-59　高压旋喷桩

图 3.2.1-60　成桩

图 3.2.1-61　水泥浆比重不满足设计要求

图 3.2.1-62　搅拌桩机垂直度偏差大

图 3.2.1-63 止水帷幕失效，基坑漏水严重　　图 3.2.1-64 桩间旋喷桩效果差，桩间漏土

9. 基坑土方开挖

（1）工艺控制要点

1）基坑开挖施工前，应完成支护结构，地面排水、地下水控制、基坑及周边环境监测、施工条件验收和应急预案准备等工作的验收，合格后方可进行基坑开挖。

2）基坑土方开挖的顺序方法必须与设计工况和施工方案相一致，并应遵循"开槽支撑，先撑后挖，分层开挖，严禁超挖"的原则。

3）基坑开挖中，应检查平面位置、水平标高、边坡坡率、压实度、排水系统、地下水控制系统、预留土墩、分层开挖厚度、支护结构的变形，并随时观测周围环境变化。

4）基坑开挖施工结束后，应检查平面几何尺寸、水平标高、边坡坡率、表面平整度和基底土性等。

（2）质量实测项目

基坑土方开挖实测项目见表 3.2.1-11。

基坑土方开挖实测项目　　　　　　　　　　　　　表 3.2.1-11

序号	项目	允许偏差（mm）
1	基坑轴线位置	100
2	坑底标高	−50，0
3	长度、宽度	−50，+200
4	坡率	不陡于设计值
5	坑底地面表面平整度（mm）	±20

（3）优良工艺图例

优良工艺图例见图 3.2.1-65～图 3.2.1-68。

图 3.2.1-65　定位放线

图 3.2.1-66　分层开挖

图 3.2.1-67　坑底人工修整

图 3.2.1-68　基底标高测量控制

（4）质量问题图例

质量问题图例见图 3.2.1-69、图 3.2.1-70。

图 3.2.1-69　无序开挖

图 3.2.1-70　基底扰动

10. 基坑降排水

（1）工艺控制要点

1）基坑开挖过程中，在基坑外的地表采取截流、导流、挡水等措施，基坑四周地表设截水沟和挡水墙，截排挡地表水，防止地表水进入基坑，基坑内分级设排水明沟及集水井。

2）当采用放坡开挖时，坡面应设排水孔，布孔方式、施工参数严格按照设计图纸施工。在地下水较多或有大股水流处，排水孔应加密。

3）降水井点安装后应检查渗水性能并进行抽水试验。

4）降水过程中应加强对周边建（构）筑物的监控量测，发现问题及时采取措施。

（2）质量实测项目

轻型井点实测项目、喷射开点施工质量检验标准、管井施工质量检验标准见表3.2.1-12～表3.2.1-14。

轻型井点实测项目　　　　　　　　　　　　　　　表 3.2.1-12

序号	检查项目	允许偏差（mm）
1	成孔深度	－200，＋1000
2	成孔孔径	±20
3	滤料回填量	≥设计计算体积的95％
4	黏土封孔高度	≥1000
5	井点管间距	±50m

喷射井点施工质量检验标准　　　　　　　　　　　表 3.2.1-13

序号	检查项目	允许偏差（mm）
1	成孔深度	－200，＋1000
2	成孔孔径	0，＋50
3	滤料回填量	≥设计计算体积的95％
4	井点管间距	±50m

管井施工质量检验标准　　　　　　　　　　　　　表 3.2.1-14

序号	检查项目		允许偏差（mm）
1	成孔孔径		±50
2	成孔深度		±20
3	活塞洗井	次数（次）	≥20
		时间（h）	≥2
4	沉淀物高度		≤5％井深
5	管砂量（体积比）		≤1/20000

（3）优良工艺图例

优良工艺图例见图3.2.1-71～图3.2.1-74。

图 3.2.1-71　坑顶排水

图 3.2.1-72　坑底明排

图 3.2.1-73　降水

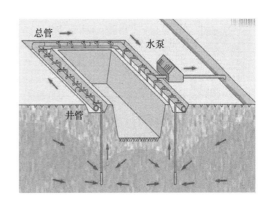

图 3.2.1-74　降水原理图

（4）质量问题图例

质量问题图例见图 3.2.1-75、图 3.2.1-76。

图 3.2.1-75　排水量不足

图 3.2.1-76　排水沟未硬化

11. 基坑回填

（1）工艺控制要点

1）基坑回填材料应满足设计及规范要求。

2）施工前应检查基底的垃圾、树根等杂物清除情况，并应确定回填料含水量控制范围、铺设厚度、压实遍数等施工参数。

3）施工中应检查排水系统，每层填筑厚度、碾迹重叠程度、含水量控制、回填土有机质含量、压实系数等，回填施工的压实系数应满足设计要求。

4）隧道两侧范围的基坑应对称回填，回填时注意不能损害隧道侧墙及顶板防水层或其防护层。

（2）质量实测项目

基坑回填实测项目见表 3.2.1-15。

基坑回填实测项目 表 3.2.1-15

序号	项目	允许偏差（mm）
1	顶面标高	0，50
2	分层压实系数	≥设计值
3	回填材料	满足设计要求
4	表面平整度	±20

（3）优良工艺图例

优良工艺图例见图 3.2.1-77～图 3.2.1-80。

图 3.2.1-77　大型机械碾压

图 3.2.1-78　分层回填

图 3.2.1-79　人工碾压

图 3.2.1-80　小型机械碾压

（4）质量问题图例

质量问题图例见图 3.2.1-81、图 3.2.1-82。

图 3.2.1-81　未分层回填　　　　　　图 3.2.1-82　回填土不合格

3.2.2　隧道主体结构

1. 钢筋工程

（1）工艺控制要点

1）钢筋原材料进场时，必须对其质量指标进行全面检查，包括直径、每延米重量、抽取试件作屈服强度、抗拉强度、伸长率和冷弯试验。

2）钢筋丝头加工应采用水溶性切削液，严禁用油性切削液。绑扎钢筋骨架在运输、安装、混凝土浇筑过程中不得有变形、开焊或松脱现象。

3）钢筋安装前应将模板或防水板混凝土保护层上面的杂物清理干净，为保证混凝土保护层厚度，应在钢筋与模板之间采用垫块支垫。垫块的耐久性和抗压强度不低于构件本体混凝土，且细石混凝土水胶比不大于 0.4。

4）主体侧墙、中板、顶板等结构中预埋的钢板、管线、吊钩、监测设备等预埋件应严格按照设计要求的长度、数量、间距、位置、规格进行预埋。各类预埋件应与结构钢筋绑扎或焊接牢固。

（2）质量实测项目

钢筋安装实测项目见表 3.2.2-1。

钢筋安装实测项目　　　　　　　　　　　表 3.2.2-1

序号	项目		允许偏差（mm）
1	绑扎钢筋网	长、宽	±10
		网眼尺寸	±20
2	绑扎钢筋骨架	长	±10
		宽、高	±5
3	纵向受力钢筋	锚固长度	−20
		间距	±10
		排距	±5
4	纵向受力钢筋、箍筋的混凝土保护层厚度	基础	±10
		柱、梁	±5
		板、墙、壳	±3

147

序号	项目		允许偏差（mm）
5	绑扎箍筋、横向钢筋间距		±20
6	钢筋弯起点位置		20
7	预埋件	中心线位置	5
		水平高差	3

（3）优良工艺图例

优良工艺图例见图3.2.2-1～图3.2.2-6。

图3.2.2-1　钢筋堆放

图3.2.2-2　钢筋绑扎

图3.2.2-3　钢筋焊接马道

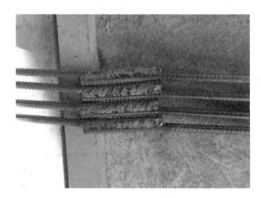

图3.2.2-4　钢筋焊接

图3.2.2-5　钢筋直螺纹套筒连接

图3.2.2-6　保护层垫块

（4）质量问题图例

质量问题图例见图 3.2.2-7～图 3.2.2-10。

图 3.2.2-7　钢筋锈蚀严重

图 3.2.2-8　钢筋直螺纹加工不合格

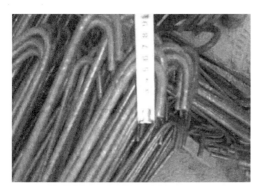

图 3.2.2-9　钢筋弯钩长度不足

图 3.2.2-10　连接不合格

2. 模板支架工程

（1）工艺控制要点

1）钢模板焊缝饱满，焊药清除干净，不得有未焊透、夹砂、咬肉、裂纹等缺陷。进场木胶板、竹胶板等模板的材质、厚度、长、宽符合方案要求，外观无缺陷，模板表面应平整光滑，具有防水、耐磨、耐酸碱的保护层。

2）各类式支架进场安装应有使用材料的质量说明、证明书及产品合格证。支架搭设符合施工方案设计要求，并应符合相应规范的相关规定。隧道顶板支架宜采用承插型盘扣式钢管支架。

3）模板安装必须牢固，模板接缝严密不得漏浆，可在拼缝处安装海绵条。模板与混凝土的接触面必须清理干净并涂刷脱模剂。

4）混凝土拆模时的强度应符合设计要求。拆模顺序应按立模顺序逆向进行。当模板与混凝土脱离后，方可拆卸、吊运模板。严禁采用猛烈敲打、强扭等方法拆除模板、支架，严禁抛扔模板。拆除模板、支架时不得损伤混凝土。

（2）质量实测项目

模板安装实测项目见表 3.2.2-2。

模板安装实测项目   表 3. 2. 2-2

序号	项目		允许偏差（mm）
1	轴线位置		5
2	底模上表面标高		±5
3	截面内部尺寸	底板	±10
		侧墙、内墙、顶板	±5
4	垂直度	底板、顶板	≤1/100，且≤10
		侧墙、内墙	≤1/200，且≤20
5	相邻两板表面高低差		2
6	表面平整度		侧墙内表面、顶板底面：3 其他位置：5

（3）优良工艺图例

优良工艺图例见图 3.2.2-11～图 3.2.2-14。

图 3.2.2-11　钢模清理

图 3.2.2-12　模板校正

图 3.2.2-13　侧模顶撑加固

图 3.2.2-14　支架搭设

（4）质量问题图例

质量问题图例见图 3.2.2-15～图 3.2.2-18。

图 3.2.2-15 支架变形

图 3.2.2-16 拼缝漏浆

图 3.2.2-17 模板表面毛糙

图 3.2.2-18 模板表面平整度超标

3. 主体结构混凝土工程

（1）工艺控制要点

1）混凝土配合比设计根据设计要求的强度及防水抗渗等要求，结合地区原材料，提出配合比理论计算书，且注意混凝土抗渗配比。

2）主体结构混凝土进场应进行坍落度检测，确保灌注混凝土的和易性符合要求，采用泵送混凝土时应防止堵管。

3）隧道混凝土浇筑应按照设计分节，或施工方案分段进行浇筑。侧墙浇筑时应放缓浇筑速度，且多点区域放料，防止由于局部侧墙大模受力过大发生胀模现象。

4）冬季混凝土养护宜进行保温养护，夏季混凝土宜采用覆盖土工布洒水养护。

（2）质量实测项目

明挖隧道结构实测项目见表 3.2.2-3。

明挖隧道结构实测项目 表 3.2.2-3

序号	项目		允许偏差（mm）
1	轴线位置	底板、立墙、顶板	8
2	立墙垂直度	全高（H）＞300m	$H/1000$ 且≤10

序号	项目		允许偏差（mm）
3	标高	底板顶面	±10
		顶板顶面	±15
4	截面尺寸	底板、顶板	−5，+20
		立墙	±5
5	表面平整度		8
6	预埋件中心位置	预埋螺栓	5
		预埋管、预埋板及其他	10
7	预留洞、孔中心线位置		15

（3）优良工艺图例

优良工艺图例见图 3.2.2-19～图 3.2.2-22。

图 3.2.2-19　隧道底板浇筑混凝土

图 3.2.2-20　分区分段浇筑混凝土

图 3.2.2-21　薄膜覆盖养护

图 3.2.2-22　保温覆盖养护

（4）质量问题图例

质量问题图例见图 3.2.2-23～图 3.2.2-26。

图 3.2.2-23 孔洞、露筋

图 3.2.2-24 蜂窝、麻面

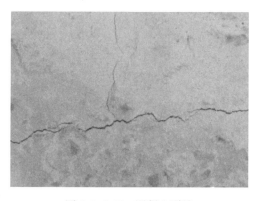

图 3.2.2-25 混凝土裂缝

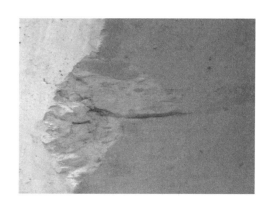

图 3.2.2-26 缺棱掉角

4. 防水工程

（1）工艺控制要点

1）卷材防水层的基层应牢固，基面应洁净、平整，不得有空鼓、松动、起砂和脱皮现象。卷材防水层的搭接缝应粘（焊）结牢固，密封严密，不得有皱折、翘边和鼓泡等缺陷。

2）喷涂防水施工直接喷涂在混凝土基层时，应清理基层，基层表面明显凹凸不平时先采用水泥砂浆找平。要求喷涂均匀，不得漏喷。

3）结构施工缝处采用镀锌钢板止水带，镀锌钢板止水带应焊接连接，施工时应确保止水带位置准确，焊接牢固。

4）止水条采用预留槽嵌入法，止水条的宽度、厚度应符合设计及标准要求，表面不得有开裂、缺胶等缺陷。止水条应顺槽拉紧嵌入，并与槽底密贴。混凝土振捣时，振捣棒不得接触止水条。

5）中埋式钢边橡胶止水带应采用可靠措施焊接于结构钢筋上，止水带接头不得叠接，接缝平整、牢固，不得有裂口和脱胶现象。止水带埋设位置应准确，其中间空心圆环应与变形缝重合。

6）注重特殊部位的防水施工。桩头顶面和侧面凿毛并清理干净，清理后应涂刷水泥基渗透结晶型防水涂料；格构柱混凝土凿毛并清理干净，清理后在格构柱柱身焊接一圈钢板止水环，钢板止水环与格构柱板面之间必须满焊。

（2）质量实测项目

明挖法隧道施工主体结构防水施工质量验收内容包括防水混凝土、水泥砂浆防水、卷材防水、涂料防水、塑料防水板防水、金属板防水以及膨润土防水材料防水，内容较多。质量验收内容应该满足设计及规范要求，设计无具体要求时，应根据主体结构按照《地下防水工程质量验收规范》GB 50208—2011 第 4 章主体结构防水工程的相关要求进行质量检测验收，验收标准不得低于规范要求。

（3）优良工艺图例

优良工艺图例见图 3.2.2-27～图 3.2.2-30。

图 3.2.2-27　卷材防水

图 3.2.2-28　涂料防水

图 3.2.2-29　墙体防水

图 3.2.2-30　边角处防水

（4）质量问题图例

质量问题图例见图 3.2.2-31、图 3.2.2-32。

图 3.2.2-31　渗漏水

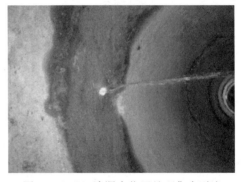

图 3.2.2-32　渗漏水位置处理集中引流

3.3　矿山法隧道

3.3.1　明洞与洞口

（1）工艺控制要点

1）对洞口不稳定的地表土及山坡危石等，应进行清除、防护或加固；隧道洞口开挖前，应结合设计文件，遵循"早进晚出"的原则，复核确认明暗分界位置的合理性，控制边仰坡开挖高度。

2）洞口段存在偏压时，应采取偏压防治措施。

3）洞口边坡及仰坡应自上而下开挖，不得掏底开挖或上下重叠开挖。宜采用人工配合机械开挖，或者采用控制爆破措施减少对边仰坡及围岩的扰动。

4）洞口截排水设施应结合地形条件设置，具备有效拦截、排水顺畅的能力。不应冲刷路基坡面及桥涵锥坡等设施。

5）洞内排水应与洞外排水设施合理连接。

6）开挖进洞前，应完成管棚、地层加固、降水等设计要求的辅助工程施工。洞口爆破开挖影响邻近建（构）筑物或已建工程时，应采取措施控制爆破振动，并进行爆破振动监测。

（2）质量实测项目

洞门混凝土端墙和挡土墙、洞门砌体端墙和挡土墙实测项目见表3.3.1-1、表3.3.1-2。

洞门混凝土端墙和挡土墙实测项目　　　　　　表 3.3.1-1

序号	项目	允许偏差（mm）
1	强度	在合格标准内
2	平面位置	50
3	断面尺寸	≥设计值
4	顶面高程	±20
5	表面平整度	5
6	竖直度或坡度	0.5%

洞门砌体端墙和挡土墙实测项目　　　　　　表 3.3.1-2

序号	项目		允许偏差（mm）
1	砂浆强度		在合格标准内
2	平面位置		50
3	断面尺寸		≥设计值
4	顶面高程		±20
5	表面平整度	块石	20
		片石	30
		混凝土块、料石	10
6	竖直度或坡度		0.5%

（3）优良工艺图例

优良工艺图例见图 3.3.1-1、图 3.3.1-2。

图 3.3.1-1　明洞施工

图 3.3.1-2　洞口标准化

（4）质量问题图例

质量问题图例见图 3.3.1-3～图 3.3.1-8。

图 3.3.1-3　钢筋焊接未饱满

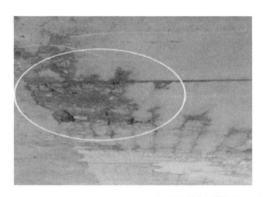

图 3.3.1-4　混凝土保护层厚度不足

图 3.3.1-5　明洞回填分层厚度过大

图 3.3.1-6　管棚长度数量不足

 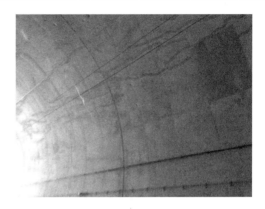

图 3.3.1-7　隧道洞口坡度不足　　　　　图 3.3.1-8　明洞混凝土收缩裂缝

3.3.2　超前小导管与超前锚杆

（1）工艺控制要点

1）超前小导管各项参数应满足设计要求。超前小导管尾端应支撑于钢架上，并应焊接牢固。管口应设置止浆阀。超前小导管与围岩间出现间隙时，应采用喷射混凝土填满。超前小导管管内应注满砂浆。

2）开挖时导管间仍有掉块时，应立即补打导管，并应在下一环小导管施工时适当加密。

3）超前锚杆各项参数应满足设计要求。超前锚杆尾端应支撑于钢架上，并应焊接牢固。

4）超前锚杆砂浆应饱满。超前锚杆与被支撑围岩间出现间隙时，应采用喷射混凝土填满。超前锚杆施工完成 8h 后方可开挖。

5）开挖时超前锚杆间仍有掉块时，应立即补打，加密间距，并应在下一环超前锚杆施工时适当加密。

6）隧道开挖后锚杆杆体临空一侧可能外露，但背离临空一侧需要与围岩紧密接触，才能起到支托围岩的作用，当出现间隙时，需用喷射混凝土填实。

（2）质量实测项目

超前小导管注浆实测项目、超前锚杆实测项目见表 3.3.2-1、表 3.3.2-2。

超前小导管注浆实测项目　　　　　　　　　表 3.3.2-1

序号	检查项目	允许偏差（mm）
1	小导管长度	≥设计值
2	小导管数量	≥设计值
3	小导管环向间距	±50
4	钻孔深度	＞钢管长度设计值
5	小导管尾端支承	支承在钢架上并与钢架焊接
6	小导管管内砂浆	密实饱满

超前锚杆实测项目   表 3.3.2-2

序号	检查项目	允许偏差（mm）
1	超前锚杆长度	≥设计值
2	锚杆数量	≥设计值
3	锚杆环向间距	±50
4	孔深	±50
5	锚杆尾端支承	支承在钢架上并与钢架焊接

（3）优良工艺图例

优良工艺图例见图 3.3.2-1～图 3.3.2-6。

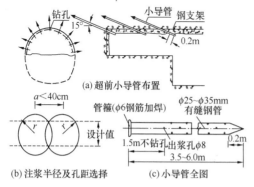

图 3.3.2-1　超前小导管初期支护原理图

图 3.3.2-2　超前小导管加工

图 3.3.2-3　超前小导管安装

图 3.3.2-4　超前小导管注浆

图 3.3.2-5　超前锚杆堆放

图 3.3.2-6　超前锚杆安装

（4）质量问题图例

质量问题图例见图 3.3.2-7、图 3.3.2-8。

图 3.3.2-7　超前小导管未按设计角度施打

图 3.3.2-8　部分超前小导管缺失

3.3.3　管棚

（1）工艺控制要点

1）管棚超前支护施工流程为：浇筑导向墙（包括安设导向管）→钻孔→打设管棚钢管→插入钢筋笼→管棚钢管内注浆。

2）导向墙内的导向管内空直径应不小于管棚钻孔的钻头直径，布置间距和方向应满足设计要求。

3）管棚钻孔不应侵入开挖范围，钻孔机械应具有纠偏功能。

4）管棚钻孔应跳孔实施，先实施的管棚注浆凝固后，方可进行其相邻管棚的钻孔施工。

5）当洞内采用超前管棚时，管棚工作室参数应根据机具设备尺寸和设计管棚外倾角等因素设置。

（2）质量实测项目

超前管棚实测项目见表 3.3.3-1。

超前管棚实测项目 表 3.3.3-1

序号	检查项目	允许偏差（mm）
1	管棚钢管长度	≥设计值
2	管棚钢管数量	≥设计值
3	管棚钢管环向间距	±50
4	钻孔深度	>钢管长度设计值
5	管棚钢管管内钢筋笼	符合设计值
6	管棚钢管管内砂浆	密实、饱满
7	套拱中线位置	±50
8	套拱拱顶高程	±50
9	套拱厚度	±50
10	套拱跨度	尺量

（3）优良工艺图例

优良工艺图例见图 3.3.3-1～图 3.3.3-6。

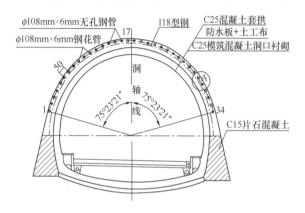

图 3.3.3-1　洞外超前管棚设计图

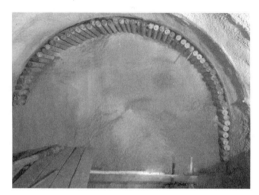

图 3.3.3-2　洞内超前管棚

图 3.3.3-3　导向管安装

图 3.3.3-4　导向墙浇灌混凝土

图 3.3.3-5　管棚钻孔

图 3.3.3-6　管棚钢管内注浆

（4）质量问题图例

质量问题图例见图 3.3.3-7、图 3.3.3-8。

图 3.3.3-7 洞口坍壁   图 3.3.3-8 管棚定位不准确

3.3.4 初期支护

（1）工艺控制要点

1）喷射混凝土施工应清理受喷岩面的浮石、岩屑、杂物和粉尘等。检查开挖断面净空尺寸，凿除欠挖凸出部分。岩面渗水处采取引排措施。

2）喷射混凝土作业应直接喷在围岩面上，与围岩密贴，受喷面不得填塞杂物。喷射混凝土作业应按初喷混凝土和复喷混凝土分别进行，复喷混凝土可分层多次施作。喷射机工作压力在 0.2～0.7MPa 之间选择，并根据现场试喷效果调整。

3）采用的锚杆种类应满足设计要求，锚杆杆体规格、性能应符合国家现行技术标准。在设有系统锚杆的地段，系统锚杆宜在下一循环开挖前完成。

4）钢筋网应随受喷岩面起伏铺设，与初喷混凝土面的最大间隙不宜大于 50mm，不宜将钢筋预焊成片后铺挂。采用双层钢筋网时，两层钢筋网间距应满足设计要求，第二层钢筋网应在第一层钢筋网被喷射混凝土全部覆盖后铺挂。

5）钢架支护断面内轮廓尺寸可根据隧道实际开挖轮廓进行加工。钢架可分节段制作，每节段长度不宜大于 4m。钢架节段两端应焊接连接钢板，连接钢板平面应与钢架轴线垂直。

6）型钢钢架应采用冷弯法制造成形，宜在工厂加工。型钢钢架每节段宜为连续整体，型钢钢架与连接钢板焊接应采用双面焊；格栅钢架加工应在工厂生产制造。所有钢筋连接结点必须采用双面对称焊接。

（2）质量实测项目

喷射混凝土、锚杆实测项目见表 3.3.4-1、表 3.3.4-2。

喷射混凝土实测项目   表 3.3.4-1

序号	检查项目	允许偏差（mm）
1	喷射混凝土强度	在合格标准内
2	喷射混凝土厚度	初喷厚度：20～50，最小厚度≥20
		成品厚度：平均厚度≥设计厚度；60%的检查点厚度≥设计厚度；最小厚度≥0.6 倍设计厚度，且≥50
3	空洞检测	无空洞，无杂物
4	喷射混凝土支护净空	≥设计值

锚杆实测项目

表 3.3.4-2

序号	检查项目	允许偏差（mm）
1	锚杆数量	满足设计要求
2	锚杆拔力（kN）	28d 拔力平均值≥设计值，最小拔力≥0.9 倍设计值
3	锚杆孔位	±150
4	钻孔深度	±50
5	孔径	锚杆钻孔直径应大于锚杆杆体直径+15
6	锚杆长度	±100
7	锚固剂强度	满足设计要求
8	锚杆杆体外观	钢筋无锈蚀、杆体无凹痕、无弯曲
9	锚杆砂浆饱满度	饱满、密实、无空洞
10	锚头	锚杆外露长度≤100，垫板与岩面密贴，无间隙

（3）优良工艺图例

优良工艺图例见图 3.3.4-1～图 3.3.4-6。

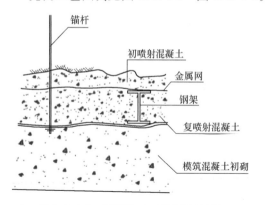

图 3.3.4-1　锚杆施工（有钢架地段）

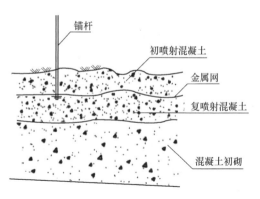

图 3.3.4-2　锚杆施工（无钢架地段）

图 3.3.4-3　喷射混凝土（有钢架地段）

图 3.3.4-4　喷射混凝土（无钢架地段）

图 3.3.4-5 钢架施工

图 3.3.4-6 初衬混凝土表面平整、厚度均匀

（4）质量问题图例

质量问题图例见图 3.3.4-7～图 3.3.4-10。

图 3.3.4-7 初支侵限造成厚度不足

图 3.3.4-8 系统锚杆未安装锚垫板

图 3.3.4-9 初衬厚度不足呈排骨状

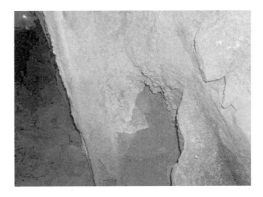

图 3.3.4-10 初衬渗水及外观极差

3.3.5 防水工程

（1）工艺控制要点

1）隧道衬砌防水层（土工布、防水板）材料规格和性能指标应符合设计规定和相关规范规定。

2）防水层铺设应超前二次衬砌施工 1～2 个循环距离衬砌段。防水层应环向整幅铺设，拱部和边墙应无纵向搭接。无纺布与防水板应分别铺挂，无纺布铺挂完成后再挂防水板。

3）中埋式止水带施工应埋设在衬砌结构设计厚度中央，平面应与衬砌表面平行、与衬砌端头模板正交，止水带中间空心圆环应顺施工缝、变形缝方向并与缝重合安装。

4）背贴式止水带施工应在已铺挂的防水板上准确标出施工缝位置。在混凝土浇筑前，背贴式止水带应沿施工缝位置铺设，止水带中线应与施工缝重合，止水带两边应与防水板焊接，位置偏差应不大于 10mm。

5）挡头模板应将止水带顶紧、密贴，混凝土浇筑时不应漏浆。后浇一侧混凝土浇筑前应清除止水带残留混凝土。

（2）质量实测项目

防水层实测项目见表 3.3.5-1。

防水层实测项目　　　　　　　　　　　表 3.3.5-1

序号	检查项目		允许偏差（mm）	
1	搭接宽度		≥100	
2	缝宽	焊接	焊缝宽≥10	
		粘接	粘缝宽≥50	
3	固定点间距	拱部	按设计或@0.5～0.7m	±50
		侧墙	按设计或@0.7～1.0m	
4	焊缝充气检查		压力达到 0.25MPa 时停止充气，保持 15min，压力下降在 10% 以内	
5	铺挂松紧度		防水层任一点能接触岩面	

（3）优良工艺图例

优良工艺图例见图 3.3.5-1～图 3.3.5-6。

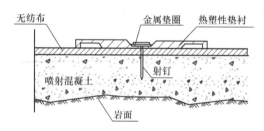

图 3.3.5-1　土工布固定示意图

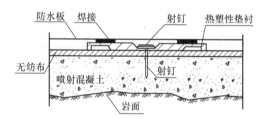

图 3.3.5-2　防水板无钉铺设示意图

图 3.3.5-3　土工布铺设

图 3.3.5-4　防水板铺设

图 3.3.5-5　防水板热熔焊接　　　　图 3.3.5-6　防水板安装平整、防水效果好

（4）质量问题图例

质量问题图例见图 3.3.5-7～图 3.3.5-10。

图 3.3.5-7　防水板经检测厚度不足　　　　图 3.3.5-8　止水带夹层

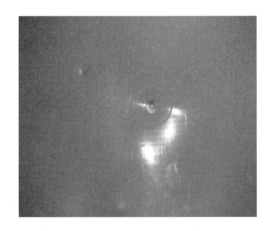
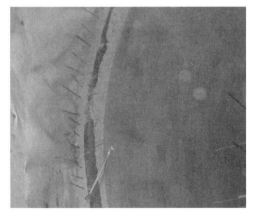

图 3.3.5-9　钉子穿透防水板，易造成漏水　　　图 3.3.5-10　止水带被混凝土淹没

3.3.6　混凝土衬砌

（1）工艺控制要点

1）模板台车及拼装式模板支架应进行设计，应满足混凝土浇筑过程中的强度、刚度

和稳定性要求。

2）模板拱架形状应与衬砌断面形状相适应，模板表面各点应不侵入衬砌内轮廓，放样时，可将设计衬砌轮廓线外扩 50～80mm，但不得影响衬砌厚度，并应预留拱架高程沉落量，施工中应随时测量、调整。

3）隧道主洞拱墙衬砌混凝土浇筑应采用全断面衬砌模板台车，车行横洞、人行横洞、紧急停车带、地下风机房等其他洞室拱墙衬砌混凝土浇筑可采用拼装式模板。拱、墙混凝土应一次连续浇筑，不得采用先拱后墙浇筑。

4）模筑混凝土衬砌应按设计要求设置沉降缝和伸缩缝。衬砌施工缝应结合沉降缝、伸缩缝调整设置，拱墙与仰拱的衬砌沉降缝、伸缩缝应竖向对齐。

5）衬砌混凝土浇筑应采用混凝土输送泵送料入模、均匀布料。混凝土入模温度应控制在 5～32℃。宜采用附着式和插入式振捣相结合的方式振捣。

6）衬砌背后空洞回填作业应在衬砌混凝土厚度达到设计厚度的条件下进行，并应在下一环衬砌浇筑混凝土前完成。

（2）质量实测项目

混凝土衬砌施工实测项目见表 3.3.6-1。

混凝土衬砌施工实测项目 表 3.3.6-1

序号	检查项目		允许偏差（mm）
1	混凝土强度		在合格标准内
2	坍落度	＜100	±20
		≥100	±30
3	衬砌厚度		90%的检查点厚度≥设计厚度；最小厚度≥0.5 倍设计厚度
4	衬砌背部密实状况		衬砌背后无杂物、无空洞
5	墙面平整度		拱、墙部位≤5
6	施工缝表面错台		施工缝、变形缝+20
7	隧道净高		≥设计值
8	总宽度		≥设计值
9	中线偏差		≤20

（3）优良工艺图例

优良工艺图例见图 3.3.6-1～图 3.3.6-6。

图 3.3.6-1　防水板铺设及检查

图 3.3.6-2　模板台车

图 3.3.6-3　衬砌钢筋铺设

图 3.3.6-4　衬砌钢筋

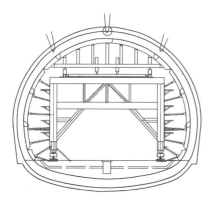

图 3.3.6-5　二衬台车示意图

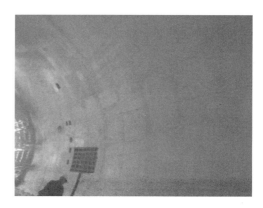

图 3.3.6-6　二次衬砌

（4）质量问题图例

质量问题图例见图 3.3.6-7～图 3.3.6-12。

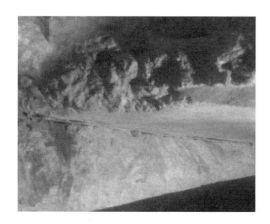

图 3.3.6-7　废边

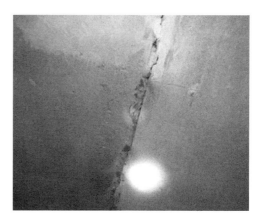

图 3.3.6-8　掉块

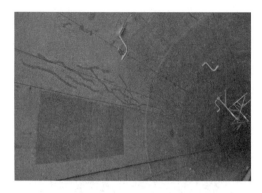

图 3.3.6-9　横向裂缝

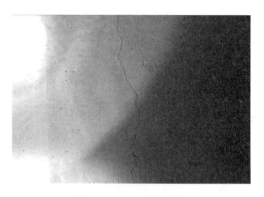

图 3.3.6-10　纵向裂缝

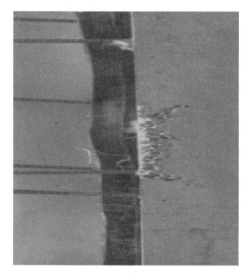

图 3.3.6-11　混凝土松散

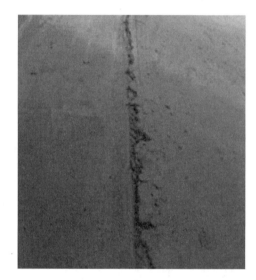

图 3.3.6-12　错台

3.4　矩形顶管隧道

3.4.1　隧道管节预制

（1）工艺控制要点

1）管节生产前应对钢模误差进行检测，若不符合标准应进行校正。管节生产过程中应确保钢模误差在标准允许范围之内。

2）混凝土应按顶管管节的设计要求进行级配调整，宜采用振捣方式进行密实处置。

3）矩形管节插口和钢承口的内外钢环应与钢筋骨架钢筋焊接，并应紧贴模具的内壁。

4）管节插口端上应根据需要设置减磨注浆孔，数量及管径应根据设计要求确定。

5）管节脱模时，管节的混凝土立方体抗压强度应满足设计要求。当设计无要求时，至少应达到设计抗压强度标准值的 75%。

6）混凝土内壁涂刷的腻子应具有与混凝土粘结牢固、快速干燥的性能，抗碱渗透底漆与基面和涂料应结合紧密；混凝土内壁防腐涂料工程施工应自上而下、分段涂装，底面可不涂装；矩形管节内、外金属件应按设计要求进行防腐蚀处理。

7）隧道管节堆放的层数不宜超过2层；管节应采用专用吊具进行吊装，在吊装前应检查吊具销子的固定情况、钢丝绳的完好情况，吊装时插销应完全插入到吊装孔里面。

（2）质量实测项目

预制隧道管节实测项目见表3.4.1-1。

预制隧道管节实测项目   表3.4.1-1

序号	项目		允许偏差（mm）
1	接口对角线误差		≤2
2	弯曲度	长度方向	≤有效长度的0.3%
		宽度及高度方向	≤外壁宽度或高度的0.3%
3	端面倾斜		≤5
4	保护层厚度		−5，+8
5	内宽 b_1、内高 h_1（mm）	600～1500	±5
		1800～3900	±6
		4000～7200	±8
		>7200	±10
6	外宽 B		±10
7	有效长度 L		−5，+10
8	壁厚	顶板 T_1	±5
		侧板 T_2	±5
9	预留孔位置		±5
	预埋件位置		±5

（3）优良工艺图例

优良工艺图例见图3.4.1-1～图3.4.1-4。

图3.4.1-1 管节模具组装验收

图3.4.1-2 管节钢筋安装

图 3.4.1-3　管节钢筋吊装入模

图 3.4.1-4　管节脱模

（4）质量问题图例

质量问题图例见图 3.4.1-5～图 3.4.1-8。

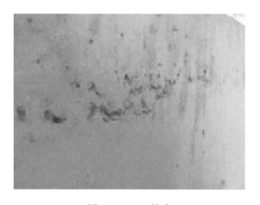
图 3.4.1-5　蜂窝

图 3.4.1-6　麻面

图 3.4.1-7　气泡

图 3.4.1-8　细裂纹

3.4.2　矩形隧道顶进

（1）工艺控制要点

1）顶管始发和接收预留洞口的位置、几何尺寸、封堵方式应符合设计和施工方案的要求。顶管工作井洞口施工影响范围内的土层应进行预加固处理，始发和接收前应检查加固处理后的土体强度和渗漏水情况。

2）洞口应设置止水装置，止水装置联结环板应与工作井壁内的预埋件焊接牢固，且用胶凝材料封堵；顶管结束后，管道与洞口的间隙应及时进行封堵。

3）顶管机穿越始发洞口加固区时，始发洞口内应注满泥浆，掘进速度宜控制在 2～3mm/min；初始掘进时应有防止顶管机后退措施，初始掘进时应只使用下层液压缸掘进。

4）矩形土压平衡顶管掘进时，掘进过程中应根据土舱压力的变化，调节排土速度与顶进速度，使土舱压力始终保持在预设范围内；应根据不同的土质采取不同的土体改良方法；掘进中，须同步向管外壁注入减阻泥浆，并应根据泥浆的损失适当补充注浆。

5）矩形泥水平衡顶管掘进时，掘进过程中应根据泥水舱压力的变化，调节进水速度、排泥速度与掘进速度，使泥水舱压力始终保持在预设范围以内；掘进过程中应随时对顶管机位置进行测量定位，及时纠偏。

6）初始掘进速度宜控制在 5～10mm/min，正常掘进速度宜控制在 10～20mm/min；在掘进时应对掘进速度作不断调整，找出掘进速度、正面土压力（泥水压力）、出渣量（出泥量）的最佳匹配值。

7）当采用中继间技术时，应对中继间进行编组控制，从矩形顶管机头向后按次序依次将每段管节向前推移，当一组中继间伸出时，其他中继间应保持不动，在所有中继间依次完成作业后，主顶工作站完成该掘进循环的最后掘进作业。

8）接收井内宜预留略高于管底的垫层支承顶管机。当地下水位高，可能发生管涌或流砂时，应采用压力接收方式；顶管机进入接收井后，应对管节与洞口间的空隙进行适当塞填，作止水处理。

（2）质量实测项目

矩形顶管隧道实测项目见表 3.4.2-1。

矩形顶管隧道实测项目　　　　　　　　表 3.4.2-1

序号	项目		允许偏差（mm）
1	平面轴线偏差	L<100	±80
		100≤L≤200	±100
		L>200	±150
2	顶管底面高程	L<100	±50
		100≤L	±80
3	管节旋转		±80
4	管节接缝错台	上下错口	0.5%H，且≤10
		左右错口	0.5%B，且≤20
5	管节接口嵌缝的厚度		0，+3

注：1. L 为顶进长度（m），H 为管节高度（mm），B 为管宽宽度（mm）。
　　2. 管节旋转指截面底板顶面中线高程与单侧角点底板顶面高程差。

（3）优良工艺图例

优良工艺图例见图 3.4.2-1～图 3.4.2-10。

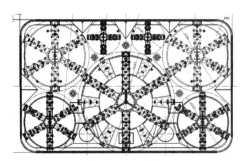

图 3.4.2-1　某项目矩形顶管机刀盘布置

图 3.4.2-2　矩形顶管始发

图 3.4.2-3　洞口止水圈安装

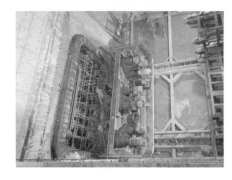

图 3.4.2-4　矩形顶管机前壳体安装

图 3.4.2-5　矩形顶管机组装完成

图 3.4.2-6　主顶油缸架及油缸安装

图 3.4.2-7　正常顶进

图 3.4.2-8　顶管机出洞

图 3.4.2-9 隧道顶进贯通

图 3.4.2-10 隧道成型效果

3.5 沉管法隧道

3.5.1 沉管管节制作

（1）工艺控制要点

1）管段制作的模板系统可分为钢模台车、调节与牵引系统、模板三部分。模板及其支架在安装过程中，必须设置足够的临时固定设施，以防倾覆。

2）板和墙的钢筋网，除靠近外围两行钢筋的交点扎牢外，中间部分的相交点可相隔交错扎牢，但必须保证受力钢筋位置不偏移。双向受力的钢筋，须全部扎牢。

3）管段浇筑混凝土时，自下而上分层均匀上升浇筑。在浇筑顶板或施工缝时，采取二次表面凿除和抹面，清除表面浮浆，使混凝土表面密实。

4）采取有效的养护措施来保证混凝土质量。管段混凝土浇筑完毕后8～18h内进行养护，养护时间不小于14d。

5）钢端封门的钢面板可根据施工工艺分块吊装、焊接。分块位置宜设置在型钢中心位置，不得设置在相邻两根型钢之间的跨中位置，并尽可能离开管段孔口边缘1.2m以上。

6）进行止水带安装，橡胶止水带就位后，将拆下的压块按照编号逐件装上。上紧螺栓时应使用测扭距套筒扳手，按照设计要求上紧压块。

（2）质量实测项目

管节制作实测项目见表3.5.1-1。

管节制作实测项目 表 3.5.1-1

序号	检验项目	允许偏差（mm）
1	管节外包宽度	±10
2	管节外包高度	±5
3	顶、底板厚度	−5，0
4	外、内墙厚度	−10，0
5	管节内净高度	0，10

序号	检验项目	允许偏差（mm）
6	管节内净宽度	0，10
7	墙身平整度	10
8	墙身垂直度	10
9	管节长度	±30

（3）优良工艺图例

优良工艺图例见图 3.5.1-1～图 3.5.1-14。

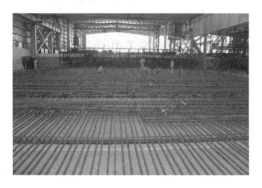

图 3.5.1-1 管节底板钢筋制作

图 3.5.1-2 管节墙身钢筋脚手架托架安装

图 3.5.1-3 管节墙身钢筋安装

图 3.5.1-4 管节顶板钢筋安装

图 3.5.1-5 管节内模安装

图 3.5.1-6 管节外模安装

图 3.5.1-7　管节混凝土一次浇筑

图 3.5.1-8　管节底板混凝土浇筑

图 3.5.1-9　管节隔仓浇筑混凝土

图 3.5.1-10　管节顶面混凝土光面

图 3.5.1-11　管节养护

图 3.5.1-12　管节内模拆除

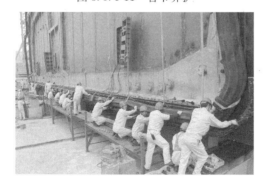

图 3.5.1-13　管节止水带安装

图 3.5.1-14　管节钢封门安装

3.5.2 基槽开挖

（1）工艺控制要点

1）沉管基槽开挖正式作业前，应编制沉管隧道基槽开挖专项方案，确定工艺及回淤观测方法，包括成槽工艺、边坡稳定分析、现场回淤实测与分析参数等。

2）水底浚挖主要指沉管基槽的浚挖，可根据河床泥土的类型选用不同的挖泥船，如耙吸式挖泥船、绞吸式挖泥船、链斗式挖泥船、抓斗式挖泥船等，以适用不同工况。

3）一般都采取分层分段浚挖方式。在基槽断面上，分成二层或三层，逐层浚挖。在平面上，沿隧道纵轴方向，划成若干段，分段分批进行浚挖。

4）隧道基槽开挖应分粗挖和精挖，应合理安排适当的挖泥船及工艺开展粗挖和精挖工作。

5）基槽精挖层的施工应与基础抛填工序合理衔接，流水作业。水下基槽开挖后应及时开展后续作业，尽可能减少回淤。

（2）质量实测项目

基槽开挖实测项目见表3.5.2-1。

基槽开挖实测项目 表3.5.2-1

序号	检测项目	允许偏差（mm）
1	轴线	±500
2	边坡坡率	不陡于设计值
3	槽底宽度	0，+2500
4	槽底标高	−500，+0

（3）优良工艺图例

优良工艺图例见图3.5.2-1～图3.5.2-3。

图3.5.2-1 抓斗式挖泥船施工实物照　　图3.5.2-2 抓斗式挖泥船施工示意图

图3.5.2-3 抓斗精挖功能原理示意图

（4）质量问题图例

质量问题图例见图 3.5.2-4、图 3.5.2-5。

图 3.5.2-4　基槽开挖轴线偏差

图 3.5.2-5　基槽开挖高程偏差

3.5.3　管节地基与基础垫层

（1）工艺控制要点

1）地基处理范围及断面尺寸应符合设计要求，制定地基处理施工方案时应综合考虑设计要求、环境特点和施工条件。

2）地基处理施工应按设计要求安排施工顺序、进行现场试验验证和施工过程监测，应严格控制加载方式及速率。地质条件复杂、地基使用要求高、无类似工程经验借鉴时，应进行试验性施工。

3）块石抛填、夯平施工应在基槽开挖到位后尽快实施，各工序合理衔接，流水作业，尽量缩短凉槽时间。

4）管节基槽开挖与块石抛填间凉槽时间如大于 1 个月，或期间遇有台风、寒潮过境等情况，应在抛石施工前对基槽进行回淤检测；回淤检测结果应及时反馈设计单位以确定是否进行清淤。

5）先铺法施工采用的垫层石料应符合设计要求的粒径、级配、强度及含泥量等指标。先铺碎石垫层施工应采用专用整平船舶，并应附配有合适的供料船、拖轮、锚艇及石料运输船。基床整平施工前，应对基槽底回淤沉积物密度和厚度进行检测，满足设计要求时再进行施工。

6）按设计要求采用喷砂法、压浆法、压砂法、桩基法等地基与基础形式，其施工满足相关规范的要求。

（2）质量实测项目

先铺法垫层实测项目见表3.5.3-1。

先铺法垫层实测项目 表 3.5.3-1

序号	检查项目	允许偏差（cm）
1	垫层顶部标高	±4
2	垫层两侧顶边线平面偏差	−20，100
3	垫层宽度	≥设计宽度
4	桩位	2
5	桩顶标高	−5，3

（3）优良工艺图例

优良工艺图例见图3.5.3-1～图3.5.3-4。

图 3.5.3-1　先铺法施工水上整平船

图 3.5.3-2　先铺法施工水上整平船示意图

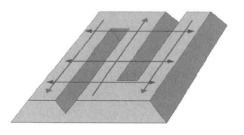

图 3.5.3-3　先铺法施工基础铺筑示意

图 3.5.3-4　压注法施工示意图

（4）质量问题图例

质量问题图例见图 3.5.3-5。

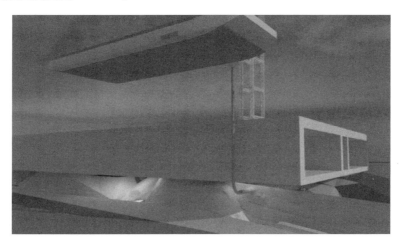

图 3.5.3-5　喷砂法施工基础不平整

3.5.4　沉管管节安装

（1）工艺控制要点

1）管节沉放前测量出坞航道、浮运航道及系泊位置的水深及回淤情况，如果回淤严重造成水深不足，则应进行清淤。

2）碎石基床检查完成后，潜水员应对已安沉管对接端的钢端壳进行检查，同时清理钢端壳上的附着物。如有回淤超过设计要求，应进行清淤。

3）管节沉放前，应检查安装主动拉合单元、安装水下可视化设备、安装深水测控系统等设备的完好程度，及时维修保养，确保设备正常运转。

4）管节沉放前，宜通过管节内视频系统或管节顶面的人孔井进入管节内部，检查钢封门、压载水系统漏水情况。

5）管段舾装分两次进行，干坞内进水前应确认所有的"一次舾装件"准备安装就位。

（2）质量实测项目

管节沉放实测项目见表 3.5.4-1。

管节沉放实测项目　　　　　　　　　　　　　　　　表 3.5.4-1

序号	实测项目		允许偏差（mm）
1	对接接头偏移	水平方向	20
		垂直方向	20
2	管节轴线偏差	水平方向	50
		垂直方向	50

（3）优良工艺图例

优良工艺图例见图 3.5.4-1～图 3.5.4-6。

图 3.5.4-1　管节浮运示意图

图 3.5.4-2　管节压载示意图

管段沉放

图 3.5.4-3　管段沉放示意图

管段拉合

图 3.5.4-4　管段拉合示意图

水力压接

图 3.5.4-5　水力压接法示意图

浇筑压舱混凝土
拆除水箱、拆除钢端封墙

图 3.5.4-6　压舱及拆端墙示意图

（4）质量问题图例

质量问题图例见图 3.5.4-7、图 3.5.4-8。

图 3.5.4-7　管节沉放对接接头偏移

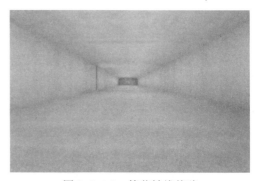

图 3.5.4-8　管节轴线偏移

3.5.5 管节接头处理

（1）工艺控制要点

1）最终接头钢壳混凝土在沉管预制厂深坞内驳船上浇筑，为满足钢壳结构受力需要及船体稳定性要求，浇筑时需对称均衡进行。

2）据工艺试验成果，浇筑施工中为确保每个隔舱内混凝土饱满，专门设计浇筑孔与排气孔。

3）分次浇筑的钢壳高流动性混凝土，采用分隔舱浇筑的方法，对每个隔舱进行编号管理，逐一记录每个隔舱浇筑的各项参数。

4）最终接头宜采用4点吊装方式。最终接头位于一侧，需要将最终接头调平吊起，旋转90°至安装位置，运输船撤离，收紧右前缆绳。

5）起吊和旋转过程中，起重船应通过调整压舱水保持甲板基本水平状态。吊装过程中，应通过安装在吊点和管内的监测系统监测结构应力和变形情况。沉放前应进行调位缆绳连接和接头内电缆及控制线缆连接、调试。

6）沉放设备应采用安装船和起重船辅助安装。接头内电缆及线缆连接完成后，应进行各系统调试、确认。下放过程中，应通过调位缆绳调整最终接头扭角、平面位置。

（2）质量实测项目

管节接头实测项目见表3.5.5-1。

管节接头实测项目   表3.5.5-1

序号	项目	允许偏差（mm）
1	管节间纵轴线偏差	50
2	管节间轴线处标高偏差	20
3	管节间底板横倾相对偏差	5

（3）优良工艺图例

优良工艺图例见图3.5.5-1、图3.5.5-2。

图3.5.5-1 管节接头沉放对接示意

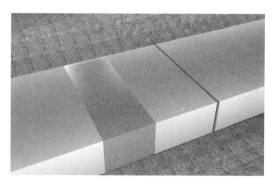

图3.5.5-2 最终接头示意

（4）质量问题图例

质量问题图例见图3.5.5-3、图3.5.5-4。

图 3.5.5-3　管节接头橡胶止水带缺陷

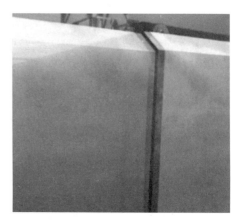

图 3.5.5-4　管节接头轴线标高偏差

第4章 给水排水工程

4.1 给水排水工程技术标准及质量控制重点

4.1.1 施工及验收技术标准

1. 《给水排水构筑物工程施工及验收规范》GB 50141—2008
2. 《建筑地基基础工程施工质量验收标准》GB 50202—2018
3. 《混凝土结构工程施工质量验收规范》GB 50204—2015
4. 《机械设备安装工程施工及验收通用规范》GB 50231—2009
5. 《现场设备、工业管道焊接工程施工规范》GB 50236—2011
6. 《给水排水管道工程施工及验收规范》GB 50268—2008
7. 《城镇污水处理厂工程质量验收规范》GB 50334—2017
8. 《埋地钢质管道防腐保温层技术标准》GB/T 50538—2020
9. 《沉井与气压沉箱施工规范》GB/T 51130—2016
10. 《纤维增强塑料设备和管道工程技术规范》GB 51160—2016
11. 《城市轨道交通给水排水系统技术标准》GB/T 51293—2018
12. 《混凝土结构通用规范》GB 55008—2021
13. 《建筑给水排水与节水通用规范》GB 55020—2021
14. 《建筑给水塑料管道工程技术规程》CJJ/T 98—2014
15. 《埋地塑料给水管道工程技术规程》CJJ 101—2016
16. 《建筑给水金属管道工程技术标准》CJJ/T 154—2020
17. 《塑料排水检查井应用技术规程》CJJ/T 209—2013
18. 《城镇给水预应力钢筒混凝土管管道工程技术规程》CJJ 224—2014
19. 《排水工程混凝土模块砌体结构技术规程》CJJ/T 230—2015
20. 《一体化预制泵站工程技术标准》CJJ/T 285—2018
21. 《埋地排水用钢带增强聚乙烯（PE）螺旋波纹管》CJ/T 225—2011
22. 《排水用硬聚氯乙烯（PVC-U）玻璃微珠复合管材》CJ/T 231—2006
23. 《建筑排水用高密度聚乙烯（HDPE）管材及管件》CJ/T 250—2018
24. 《聚乙烯塑钢缠绕排水管及连接件》CJ/T 270—2017
25. 《市政排水用塑料检查井》CJ/T 326—2010

4.1.2 规范标准强制性条文

1. 《给水排水构筑物工程施工及验收规范》GB 50141—2008

1.0.3 给排水构筑物工程所用的原材料、半成品、成品等产品的品种、规格、性能必须符合国家有关标准的规定和设计要求；接触饮用水的产品必须符合有关卫生要求。严禁使用国家明令淘汰、禁用的产品。

3.1.10 工程所用主要原材料、半成品、构（配）件、设备等产品，进入施工现场时必须进行进场验收。

1 进场验收时应检查每批产品的订购合同、质量合格证书、性能检验报告、使用说明书、进口产品的商检报告及证件等，并按国家有关标准规定进行复验，验收合格后方可使用。

2 混凝土、砂浆、防水涂料等现场配制的材料应经检测合格后使用。

3.1.16 工程施工质量控制应符合下列规定：

1 各分项工程应按照施工技术标准进行质量控制，分项工程完成后，应进行检验；

2 相关各分项工程之间，应进行交接检验；所有隐蔽分项工程应进行隐蔽验收；未经检验或验收不合格不得进行下道分项工程施工；

3 设备安装前应对有关的设备基础、预埋件、预留孔的位置、高程、尺寸等进行复核。

3.2.8 通过返修或加固处理仍不能满足结构安全或使用功能要求的分部（子分部）工程、单位（子单位）工程，严禁验收。

6.1.4 水处理构筑物施工完毕必须进行满水试验。消化池满水试验合格后，还应进行气密性试验。

7.3.12 排水下沉施工应符合下列规定：

4 用抓斗取土时，沉井内严禁站人；对于有底梁或支撑梁的沉井，严禁人员在底梁下穿越。

8.1.6 施工完毕的贮水调蓄构筑物必须进行满水试验。

2.《给水排水管道工程施工及验收规范》GB 50268—2008

1.0.3 给排水管道工程所用的原材料、半成品、成品等产品的品种、规格、性能必须符合国家有关标准的规定和设计要求；接触饮用水的产品必须符合有关卫生要求。严禁使用国家明令淘汰、禁用的产品。

3.1.9 工程所用的管材、管道附件、构（配）件和主要原材料等产品进入施工现场时必须进行进场验收并妥善保管。进场验收时应检查每批产品的订购合同、质量合格证书、性能检验报告、使用说明书、进口产品的商检报告及证件等，并按国家有关标准规定进行复验，验收合格后方可使用。

3.1.15 给排水管道工程施工质量控制应符合下列规定：

1 各分项工程应按照施工技术标准进行质量控制，每分项工程完成后，必须进行检验；

2 相关各分项工程之间，必须进行交接检验，所有隐蔽分项工程必须进行隐蔽验收，未经检验或验收不合格不得进行下道分项工程。

3.2.8 通过返修或加固处理仍不能满足结构安全或使用功能要求的分部（子分部）工程、单位（子单位）工程，严禁验收。

9.1.10 给水管道必须水压试验合格，并网运行前进行冲洗与消毒，经检验水质达到标准后，方可允许并网通水投入运行。

9.1.11　污水、雨污水合流管道及湿陷土、膨胀土、流砂地区的雨水管道，必须经严密性试验合格后方可投入运行。

3.《城镇污水处理厂工程质量验收规范》GB 50334—2017

7.15.2　臭氧、氧气系统的管道及附件在安装前必须进行脱脂。

13.3.2　易燃、易爆、有毒、有害物质的管道必须进行强度和严密性试验。

4.《建筑与市政地基基础通用规范》GB 55003—2021

见本书"3.1.2 规范标准强制性条文"的"1.《建筑与市政地基基础通用规范》GB 55003—2021"的相关规定。

5.《混凝土结构通用规范》GB 55008—2021

见本书"2.1.2　规范标准强制性条文"的"3.《混凝土结构通用规范》GB 55008—2021"的相关内容。

6.《建筑给水排水与节水通用规范》GB 55020—2021

2.0.3　建筑给水排水与节水工程选用的材料、产品与设备必须质量合格，涉及生活给水的材料与设备还必须满足卫生安全的要求。

2.0.4　建筑给水排水与节水工程选用的工艺、设备、器具和产品应为节水和节能型。

2.0.11　管道、设备和构筑物应根据其贮存或传输介质的腐蚀性质及环境条件，确定应采取的防腐蚀及防冻措施。

8.1.1　建筑给水排水与节水工程与相关工种、工序之间应进行工序交接，并形成记录。

8.1.2　建筑给水排水节水工程所使用的主要材料和设备应具有中文质量证明文件、性能检测报告，进场时应做检查验收。

8.1.3　生活饮用水系统的涉水产品应满足卫生安全的要求。

8.1.4　用水器具和设备应满足节水产品的要求。

8.1.5　设备和器具在施工现场运输、保管和施工过程中，应采取防止损坏的措施。

8.1.6　隐蔽工程在隐蔽前应经各方验收合格并形成记录。

8.1.7　阀门安装前，应检查阀门的每批抽样强度和严密性试验报告。

8.1.8　地下室或地下构筑物外墙有管道穿过时，应采取防水措施。对有严格防水要求的建筑物，应采用柔性防水套管。

8.1.9　给水、排水、中水、雨水回用及海水利用管道应有不同的标识，并应符合相关规定。

8.2.1　给水排水设施应与建筑主体结构或其基础、支架牢靠固定。

8.2.2　重力排水管道的敷设坡度必须符合设计要求，严禁无坡或倒坡。

8.2.3　管道安装时管道内外和接口处应清洁无污物，安装过程中应严防施工碎屑落入管中，管道接口不得设置在套管内，施工中断和结束后应对敞口部位采取临时封堵措施。

8.2.4　建筑中水、雨水回用、海水利用管道严禁与生活饮用水管道系统连接。

8.2.5　地下构筑物（罐）的室外人孔应采取防止人员坠落的措施。

8.2.6　水处理构筑物的施工作业面上应设置安全防护栏杆。

8.2.7　施工完毕后的贮水调蓄、水处理等构筑物必须进行满水试验，静置24h观察，应不渗不漏。

8.3.1 给水排水与节水工程调试应在系统施工完成后进行，并应符合下列规定：

1 水池（箱）应按设计要求储存水量；

2 系统供电正常；

3 水泵等设备单机及并联试运行应符合设计要求；

4 阀门启闭应灵活；

5 管道系统工作应正常。

8.3.2 给水管道应经水压试验合格后方可投入运行。水压试验应包括水压强度试验和严密性试验。

8.3.3 污水管道及湿陷土、膨胀土、流砂地区等的雨水管道，必须经严密性试验合格后方可投入运行。

8.3.4 建筑中水、雨水回用、海水利用等非传统水源管道验收时，应逐段检查是否与生活饮用水管道混接。

8.3.5 经返修或加固处理仍不能满足安全或使用要求的分部工程及单位工程，严禁验收。

8.3.6 预制直埋保温管接头安装完成后，必须全部进行气密性检验。

8.3.7 生活给水、热水系统及游泳池循环给水系统的管道和设备在交付使用前必须冲洗和消毒，生活饮用水系统的水质应进行见证取样检验，水质应符合现行国家标准《生活饮用水卫生标准》GB 5749 的规定。

4.1.3 创优质量控制重点

1. 实体质量

（1）明挖法管道：管道原材料质量、混凝土强度、塑料管道环刚度；管道地基软基处理；管道垫层与基础质量控制；管道流水位标高控制；管道接缝处理等。

（2）顶管法管道：管道原材料质量、混凝土强度；管道出洞和进洞的施工控制；顶管的轴线位置控制；顶管管道流水位标高控制；管道接缝处理等。

（3）箱涵：沟槽的标高和宽度；箱涵地基处理；预制箱涵管节制作长度、净宽、净高；箱涵底板、立墙、顶板的结构尺寸；箱涵混凝土的抗压强度、抗渗等级；箱涵沉降缝的构造处理；结构裂缝及渗漏水的控制；箱涵沟槽回填。

（4）构筑物：构筑物长度、净宽、净高；构筑物底板、立墙、顶板的结构尺寸；构筑物混凝土的抗压强度、抗渗等级；钢筋规格、数量、间距、保护层；沉降缝出的止水带安装及渗漏水情况；结构裂缝情况；构筑物底板、外墙、顶板的渗漏水情况；构筑物外防水层质量；细部结构防水质量等。

2. 外观质量

（1）管道及构筑物各部位的混凝土色泽统一，表面光洁平整、洁净，边角整齐；混凝土外观不宜有麻面、蜂窝、露筋等一般缺陷。

（2）管道内应光洁平整，无污物、油污；管道无明显渗水和水珠现象；管道与井室洞口之间无渗漏水；管道内外防腐层完整，无破损现象；闸阀安装应牢固、严密。

（3）检查井的井盖标高与周边道路的衔接；井筒应平整、洁净、边角整齐，无变形；

辐射管坡向正确、线形直顺、接口平顺，管内洁净；管与预留孔（管）之间无渗漏水现象。

（4）砌体构筑物应按要求进行砂浆抹面，砂浆表面平整，阴阳角清晰顺直；勾缝应密实，线形平整，深度一致。

3. 内业资料

（1）图纸会审、设计交底，施工图设计文件修改、变更、洽商应符合程序，记录完整。

（2）施工组织设计、施工方案、危险性较大的分部分项工程专项施工方案、技术交底、安全技术交底、施工日志、施工记录齐全，施组有质量目标，审批手续齐全。

（3）原材料、构配件、预制构件及商品混凝土的质量资料齐全，水泥、钢筋、砂石料、砖等应具有出厂合格证明及现场检测报告。

（4）见证取样和送检记录：混凝土管、钢管、硬聚氯乙烯管、双壁波纹管、玻璃钢管、球墨铸铁管等管材；橡胶圈、弯管、三通等管件及配件；水泥、掺和料、外加剂、混凝土试块、钢筋等见证取样和送检记录资料及相关试验（检验）报告单。

（5）施工试验资料：管道检测报告，管件及配件检测报告，钢筋检测报告，混凝土试块抗压、抗渗试验报告及统计评定，砂浆检测报告等。

（6）功能性检验资料：原状地基承载力试验、复合地基压板试验，无压管道的闭水试验和闭气试验，压力管道水压试验，给水管道冲洗与消毒，构筑物的满水试验、气密性试验等。

（7）施工记录：混凝土浇筑施工记录、顶管顶进记录等应内容完整、记录真实。

（8）测量复核记录：控制点、基准线、水准点的复测记录，有放必复。

（9）质量验收记录：检验批、分项、分部、单位工程验收及隐蔽工程验收记录应内容齐全、结论明确、签认手续完整，参与验收人员应具有相应资格。

4.2 沟槽开挖、换填地基及沟槽回填

4.2.1 沟槽开挖

（1）工艺控制要点

1）沟槽的开挖断面应符合施工组织设计（方案）的要求。槽底原状地基土不得扰动，机械开挖时槽底预留200～300mm土层由人工开挖至设计高程，整平。

2）槽底不得受水浸泡或受冻，槽底局部扰动或受水浸泡时，宜采用天然级配砂砾石或石灰土回填；槽底扰动土层为湿陷性黄土时，应按设计要求进行地基处理。

3）内支撑结构的施工与拆除顺序应与设计一致，必须坚持先支撑后开挖的原则。

4）围檩与围护结构之间紧密接触，不得留有缝隙。如有间隙宜用强度不低于C30的细石混凝土填充密实或采用其他可靠连接措施。

5）基坑内支撑应与管道或构筑物的结构形式、施工顺序协调，且利于土方开挖和运输。支撑拆除应根据支撑材料、形式、尺寸等具体情况采用人工、机械和爆破等方法。

6）应按沟槽支护结构设计规定的施工顺序和开挖深度分层开挖。

7）当基坑采用降水时，地下水位以下的土方应在降水后开挖。

8）基坑周边施工材料、设施或车辆荷载严禁超过设计要求的地面荷载限值。

（2）质量实测项目

管道一侧的工作面宽度、深度在 5m 以内的沟槽边坡的最陡坡度，管道沟槽开挖实测项目见表 4.2.1-1～表 4.2.1-3。

管道一侧的工作面宽度 表 4.2.1-1

管道外径 D_0（mm）	管道一侧的工作面宽度 b_1（mm）		
	混凝土类管道		金属类管道、化学建材管道
$D_0 \leqslant 500$	刚性界面	400	300
	柔性界面	300	
$500 < D_0 \leqslant 1000$	刚性界面	500	400
	柔性界面	400	
$1000 < D_0 \leqslant 1500$	刚性界面	600	500
	柔性界面	500	
$1500 < D_0 \leqslant 3000$	刚性界面	800～1000	700
	柔性界面	600	

注：① 槽底需设排水沟时，b_1 应适当增加；

② 管道有现场施工的外防水层时，b_1 宜取 800mm；

③ 采用机械回填管道侧面时，b_1 需满足机械作业的宽度要求。

深度在 5m 以内的沟槽边坡的最陡坡度 表 4.2.1-2

土的类别	边坡坡度（高：宽）		
	坡顶无荷载	坡顶有荷载	坡顶有动载
中密的砂土	1：1.00	1：1.25	1：1.50
中密的碎石类土（充填物为砂土）	1：0.75	1：1.00	1：1.25
硬塑的粉土	1：0.67	1：0.75	1：1.00
中密的碎石类土（充填物为黏性土）	1：0.50	1：0.67	1：0.75
硬塑的粉质黏土、黏土	1：0.33	1：0.50	1：0.67
老黄土	1：0.10	1：0.25	1：0.33
软土（经井点降水后）	1：1.25	—	—

管道沟槽开挖实测项目 表 4.2.1-3

序号	检测项目		允许偏差（mm）
1	轴线		±200
2	边坡坡率、基坑支护		不陡于设计值
3	槽底中线每侧宽度		≥设计值
4	槽底标高	土方	±20
		石方	−200，+20

（3）优良工艺图例

优良工艺图例见图 4.2.1-1～图 4.2.1-4。

图 4.2.1-1　沟槽放坡开挖

图 4.2.1-2　沟槽底部压实平整

图 4.2.1-3　密排钢板桩沟槽支护

图 4.2.1-4　疏排钢板桩沟槽支护

（4）质量问题图例

质量问题图例见图 4.2.1-5～图 4.2.1-10。

图 4.2.1-5　放坡开挖的边坡坡率过大

图 4.2.1-6　沟槽开挖宽度过小

图 4.2.1-7　未及时安装内撑

图 4.2.1-8　开挖土方堆积在基坑周边

图 4.2.1-9　未对附近管线采取保护措施

图 4.2.1-10　沟槽支护不规范

4.2.2　换填地基

（1）工艺控制要点

1）管道地基应符合设计要求，管道天然地基的强度不能满足设计要求时应按设计要求进行地基处理。

2）换填垫层施工时，基坑开挖应避免坑底土层受扰动，可保留 180～220mm 厚的土层暂不挖去，待铺填垫层前再由人工挖至设计标高。严禁扰动垫层下的软弱土层，应防止垫层被扰动。在碎石或卵石垫层底部宜设置厚度为 150～300mm 的砂垫层或铺一层土工织物，并应防止基坑边坡塌土混入垫层中。除砂垫层宜采用水撼法施工外，其余垫层均不得受水浸泡，应采取有效措施控制地下水位。

3）垫层施工应根据换填材料选择施工机械。粉质黏土、灰土垫层宜采用平碾、振动碾或羊足碾，以及蛙式夯、柴油夯。砂石垫层等宜采用振动碾。

4）垫层材料应分层铺填，逐层压实。分层铺填厚度及压实遍数，宜通过现场试验确定。分层铺填厚度宜取 200～300mm。接触下卧软土层的垫层底部应根据施工机械设备及下卧层土质条件确定铺填厚度。压实过程中应控制机械碾压速度。

（2）质量实测项目

换填地基质量检验标准见表 4.2.2-1。

换填地基质量检验标准 表 4.2.2-1

序号	检查项目	允许偏差（mm）	
1	地基承载力	满足设计要求	
2	换填层厚度	−10	
3	槽底高程	土方	±20
		石方	−100，+20
4	槽底中线每侧宽度	≥设计值	
5	沟槽边坡	不陡于设计值	

（3）优良工艺图例

优良工艺图例见图 4.2.2-1～图 4.2.2-4。

图 4.2.2-1　基底换填级配碎石

图 4.2.2-2　换填石灰土拌合

图 4.2.2-3　换填碎石并压实

图 4.2.2-4　换填后及时质量检验

（4）质量问题图例

质量问题图例见图 4.2.2-5～图 4.2.2-8。

图 4.2.2-5　地基有大粒径石块、　　　　图 4.2.2-6　换填地基积水
　　　　　　积水且不密实

图 4.2.2-7　换填材料不合要求　　　　　图 4.2.2-8　换填后未及时压实

4.2.3　刚性管道沟槽回填

（1）工艺控制要点

1）回填压实应逐层进行，且不得损伤管道。

2）管道两侧和管顶以上 500mm 范围内胸腔夯实，应采用轻型压实机具，管道两侧压实面的高差不应超过 300mm。

3）管道基础为土弧基础时，应填实管道支撑角范围内腋角部位；压实时，管道两侧应对称进行，且不得使管道移位或损伤。

4）同一沟槽中有双排或多排管道的基础底面位于同一高程时，管道之间持回填压实应与管道与槽壁之间的回填压实对称进行。

5）同一沟槽中有双排或多排管道但基础底面高程不同时，应先回填基础较低的沟槽；回填至较高基础底面高程后，再按上一款规定回填。

6）分段回填压实时，相邻段的接茬应呈台阶形，且不得漏夯。

7）采用轻型压实设备时，应夯夯相连；采用压路机时，碾压的重叠宽度不得小于200mm。

8）采用压路机、振动压路机等压实机械时，其行驶速度不得超过2km/h。

9）接口工作坑回填时底部凹坑应先回填压实至管底，然后与沟槽同步回填。

（2）质量实测项目

刚性管道沟槽回填土压实度见表4.2.3-1。

刚性管道沟槽回填土压实度　　　　　　　表4.2.3-1

序号	项目			最低压实度%	
				重型击实标准	轻型击实标准
1	石灰土类垫层			93	95
2	沟槽在路基范围外	胸腔部分	管侧	87	90
			管顶以上500mm	87±2（轻型）	
		其余部分		≥90（轻型）或按设计要求	
		农田或绿地范围表层500mm范围内		不宜压实，预留沉降量，表面平整	
3	沟槽在路基范围内	胸腔部分	管侧	87	90
			管顶以上250mm	87±2（轻型）	
		由路槽底算起的深度范围mm	≤800		
			快速路及主干路	95	98
			次干路	93	95
			支路	90	92
		800～1500	快速路及主干路	93	95
			次干路	90	92
			支路	87	90
		>1500	快速路及主干路	87	90
			次干路	87	90
			支路	87	90

注：表中重型击实标准的压实度和轻型击实标准的压实度，分别以相应的标准击实试验法求得的最大干密度为100%。

（3）优良工艺图例

优良工艺图例见图4.2.3-1～图4.2.3-4。

图4.2.3-1　沟槽分层回填

图4.2.3-2　分层回填厚度测量

193

图 4.2.3-3　轻型压实机具夯实

图 4.2.3-4　回填压实度检验

（4）质量问题图例

质量问题图例见图 4.2.3-5～图 4.2.3-8。

图 4.2.3-5　一次性回填过厚

图 4.2.3-6　回填料含有粒径较大的土、石块

图 4.2.3-7　采用大块石垫底及采用垃圾回填

图 4.2.3-8　未分层回填

4.2.4 柔性管道沟槽回填

（1）工艺控制要点

1）回填前，检查管道有无损伤或变形，有损伤的管道应修复或更换。

2）管内径大于800mm的柔性管道，回填施工时应在管内设有竖向支撑。

3）管基有效支承角范围应采用中粗砂填充密实，与管壁紧密接触，不得用土或其他材料填充。

4）管道半径以下回填时应采取防止管道上浮、位移的措施。

5）管道回填时间宜在一昼夜中气温最低时段，从管道两侧同时回填，同时夯实。

6）沟槽回填从管底基础部位开始到管顶以上500mm范围内，必须采用人工回填；管顶500mm以上部位，可用机械从管道轴线两侧同时夯实；每层回填高度应不大于200mm。

7）管道位于车行道下，铺设后即修筑路面或管道位于软土地层以及低洼、沼泽、地下水位高地段时，沟槽回填宜先用中、粗砂将管底腋角部位填充密实后，再用中、粗砂分层回填到管顶以上500mm。

8）回填作业的现场试验段长度应为一个井段或不少于50m，因工程因素变化改变回填方式时，应重新进行现场试验。

（2）质量实测项目

柔性管道沟槽回填土压实度见表4.2.4-1。

柔性管道沟槽回填土压实度 表 4.2.4-1

槽内部位		压实度（%）	回填材料
管道基础	管底基础	≥90	中粗砂
	管道有效支撑角范围	≥95	
管顶以上 500mm	管道两侧	≥95	中、粗砂、碎石屑，最大粒径小于40mm的砂砾或符合要求的原土
	管道两侧	≥90	
	管道上部	85±2	
管顶 500~1000mm		≥90	原土回填

（3）优良工艺图例

优良工艺图例见图4.2.4-1～图4.2.4-4。

图 4.2.4-1　沟槽分层回填　　　　图 4.2.4-2　人工配合小型压实机具回填压实

图 4.2.4-3　柔性管道对接　　　　　　　图 4.2.4-4　柔性管道对接

（4）质量问题图例

质量问题图例见图 4.2.4-5、图 4.2.4-6。

图 4.2.4-5　柔性管道破裂　　　　　　　图 4.2.4-6　柔性管道压扁

4.3　给水排水构筑物

4.3.1　明挖法现浇混凝土构筑物

（1）工艺控制要点

1）模板施工前，应根据结构形式、施工工艺、设备和材料供应等条件进行模板及其支架设计。模板及其支架的强度、刚度及稳定性必须满足要求。

2）钢筋进场检验以及钢筋加工、连接、安装等应按现行国家标准相关规定执行。变形缝止水带安装部位、预留开孔等处的钢筋应预先制作成型、安装位置准确、尺寸正确、安装牢固。

3）主体结构的混凝土宜使用同品种、同强度等级的水泥拌制，混凝土配合比的设计应保证结构设计要求的强度和抗渗、抗冻性能。

4）混凝土的浇筑入模时应防止离析，连续浇筑时每层浇筑高度应满足振捣密实的要求。

5）采用振捣器捣实混凝土时，振捣时间应使混凝土表面呈现浮浆并不再沉落；振捣器宜插入下层混凝土 50cm；浇筑预留孔洞、预埋管、预埋件及止水带等周边混凝土时，应辅以人工插捣。

6）混凝土底板和顶板，应连续浇筑不得留置施工缝；设计有变形缝时，应按变形缝分仓浇筑。构筑物池壁的施工缝设置应符合设计要求，设计无要求时，宜留在底板腋角上面、顶板腋角下面各约 30～50cm 处。

7）混凝土侧模板应在混凝土强度能保证其表面及棱角不因拆除模板而受损坏时，方可拆除；底模板及支架的拆除应在混凝土强度满足设计要求后方可拆除。

8）混凝土浇筑完成 8～12h 后，应对混凝土加以覆盖、浇水等保湿养护；

（2）质量实测项目

现浇混凝土构筑物实测项目见表 4.3.1-1。

现浇混凝土构筑物实测项目　　　　　　　　　表 4.3.1-1

序号	检查项目		允许偏差（mm）	
			底板、顶板、墙、梁、柱	池体等
1	平面偏位		±20	±20
2	顶面高程		±10	±10
3	长度		±10	±20
4	横截面尺寸	宽	±10	±10
		高	±5	±10
5	直顺度（或曲梁的曲度）		$L/1000$，且不大于 20	—
6	表面平整度		5	5
7	预埋件	中心线位置	5	5
		螺栓位置	5	5
8	预留孔洞中心线位置		5	5
9	受力钢筋的保护层		−5，+7	±10

注：L 为现浇混凝土构筑物的长度（mm）。

（3）优良工艺图例

优良工艺图例见图 4.3.1-1～图 4.3.1-4。

图 4.3.1-1　现浇水池模板支撑

图 4.3.1-2　现浇水池底板浇筑

图 4.3.1-3 污水池防腐施工

图 4.3.1-4 现浇水池表面顺滑

（4）质量问题图例

质量问题图例见图 4.3.1-5～图 4.3.1-8。

图 4.3.1-5 水池侧壁模板支撑不稳固

图 4.3.1-6 水池池体渗漏 1

图 4.3.1-7 水池池体渗漏 2

图 4.3.1-8 池壁露筋

4.3.2 明挖法预制混凝土构筑物

（1）工艺控制要点

1）预制构件运输及吊装时的混凝土强度应符合设计要求，当设计无要求时，不应低于设计强度的 75％。

2）预制构件与现浇结构之间、预制构件之间的连接应按设计要求进行施工。

3）现浇混凝土底板的杯槽、杯口安装模板前，应复测杯槽、杯口中心线位置；杯槽、杯口模板必须安装牢固；杯槽内壁与底板的混凝土应同时浇筑，不应留置施工缝。

4）构件应按设计位置起吊。构件安装就位后，应采取临时固定措施。

5）湿接缝采用细石混凝土或膨胀性混凝土浇筑时，其强度等级应符合设计要求；混凝土现场分层浇筑厚度不宜超过 400mm，并应采用机械振捣，配合人工捣固。

（2）质量实测项目

预制构件制作的允许偏差、预制构筑物构件安装实测项目见表 4.3.2-1、表 4.3.2-2。

预制构件制作的允许偏差　　　　　　　　　　　　　　表 4.3.2-1

序号	检查项目		允许偏差（mm）	
			板	梁、柱
1	长度		±5	−10
2	横截面尺寸	宽	−8	±5
		高	±5	±5
		肋宽	−2，+4	—
		厚	−2，+4	—
3	板对角线差		10	
4	直顺度（或曲梁的曲度）		$L/1000$，且不大于 20	$L/750$，且不大于 20
5	表面平整度		5	
6	预埋件	中心线位置	5	5
		螺栓位置	5	5
		螺栓明露长度	−5，+10	−5，+10
7	预留孔洞中心线位置		5	5
8	受力钢筋的保护层		−3，+5	−5，+10

注：L 为构件长度（mm）。

预制构筑物构件安装实测项目　　　　　　　　　　　　表 4.3.2-2

序号	检查项目		允许偏差（mm）
1	壁板、墙板、梁、柱中心轴线		5
2	壁板、墙板、柱高程		±5
3	壁板、墙板及柱垂直度	$H≤5m$	5
		$H>5m$	8
4	挑梁高程		−5，0
5	壁板、墙板与定位中线半径		±10
6	壁板、墙板、拱构件间隙		±10

注：H 为壁板及柱的全高。

（3）优良工艺图例

优良工艺图例见图 4.3.2-1～图 4.3.2-4。

图 4.3.2-1　预制水池模板安装　　　　　　图 4.3.2-2　预制水池底板施工

图 4.3.2-3　预制壁板预应力张拉连接　　　图 4.3.2-4　污水处理厂预制构件安装后

（4）质量问题图例

质量问题图例见图 4.3.2-5、图 4.3.2-6。

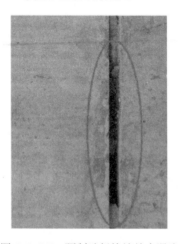

图 4.3.2-5　预制壁板接缝处有湿迹　　　　图 4.3.2-6　池壁表面出现蜂窝麻面

4.3.3　沉井法混凝土构筑物

（1）工艺控制要点

1）制作沉井的地基应具有足够的承载力，刃脚的垫层采用砂垫层上铺垫木或素混凝土，素混凝土垫层的厚度应便于沉井下沉前凿除。

2）结构的钢筋、模板、混凝土工程施工应符合技术标准的规定和设计要求；混凝土应对称、均匀、水平连续分层浇筑，并应防止沉井偏斜。

3）每节制作沉井高度应符合施工方案要求，第一节制作高度必须高于刃脚部分；井内设有底梁或支撑梁时应与刃脚部分整体浇捣；沉井每次接高时各部位的轴线位置应一致、重合，及时做好沉降和位移监测。

4）排水下沉施工时，下沉过程中应进行连续排水，保证沉井范围内地层水疏干；挖土应分层、均匀、对称进行，不得超挖。

5）不排水下沉施工时，沉井内水位应符合施工方案控制水位；下沉有困难时，应根据监测资料综合分析调整井内外的水位差。

6）沉井下沉应平稳、均衡、缓慢，发生偏斜应通过调整开挖顺序和方式"随挖随纠、动中纠偏"。沉井可采用触变泥浆、空气幕、爆破等辅助方法助沉。

7）沉井采用干封底时，应采用全断面封底时，混凝土垫层应一次性连续浇筑；有底梁或支撑梁分格封底时，应对称逐格浇筑。

8）沉井采用水下封底时，混凝土凿毛部位应洗刷干净；水下混凝土封底的浇筑顺序，应从低处开始，逐渐向周围扩大，最终浇筑成的混凝土面应略高于设计高程。

（2）质量实测项目

沉井制作尺寸的允许偏差、沉井下沉实测项目见表4.3.3-1、表4.3.3-2。

沉井制作尺寸的允许偏差　　　　　　　　　　　　表 4.3.3-1

序号	检查项目		允许偏差（mm）
1	平面尺寸	长度	$\pm 0.5\%L$，且$\leqslant 100$
		宽度	$\pm 0.5\%B$，且$\leqslant 50$
		高度	± 30
		直径（圆形）	$\pm 0.5\%D_0$，且$\leqslant 100$
		两对角线差	对角线长1%，且$\leqslant 100$
2	井壁厚度		± 15
3	井壁、隔墙垂直度		$\leqslant 1\%H$
4	预埋件中心线位置		± 10
5	预留孔（洞）位移		± 10

注：L 为沉井长度（mm）；B 为沉井宽度（mm）；H 为沉井高度（mm）；D_0 为沉井外径（mm）。

沉井下沉实测项目　　　　　　　　　　　　表 4.3.3-2

序号	检查项目		允许偏差（mm）
1	沉井结构渗水情况		无明显渗水现象；底板混凝土外观质量不宜有一般缺陷
2	沉井下沉阶段的允许偏差	沉井四角高差	$\leqslant$下沉总深度的$1.5\%\sim2.0\%$，且$\leqslant 500$
		顶面中心位移	$\leqslant$下沉总深度的1.5%，且$\leqslant 300$

序号	检查项目		允许偏差（mm）
3	沉井终沉的允许偏差	下沉到位后，刃脚平面中心位置	≤下沉总深度的1%；下沉总深度<10m时应≤100
		下沉到位后，沉井四角中任何两角的刃脚底面高差	≤该两角间水平距离的1%，且≤300；两角间水平距离<10m时应≤100
		刃脚平均高程	≤100；地层为软土层时可根据使用条件和施工条件确定

（3）优良工艺图例

优良工艺图例见图4.3.3-1～图4.3.3-4。

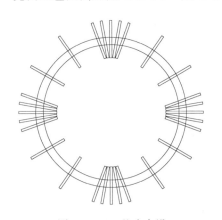

图4.3.3-1　垫木布设

图4.3.3-2　沉井首节预制

图4.3.3-3　沉井下沉施工

图4.3.3-4　沉井结构接高下沉

（4）质量问题图例

质量问题图例见图4.3.3-5～图4.3.3-8。

图 4.3.3-5　沉井刃脚砂垫层不平整且不密实

图 4.3.3-6　沉井井身倾斜

图 4.3.3-7　沉井失稳

图 4.3.3-8　沉井下沉受阻

4.3.4　砌体构筑物

（1）工艺控制要点

1）所用的机制烧结砖、石材、砌块等砌体材料规格、等级应符合设计要求；砌筑砂浆强度等级应符合设计要求，且不应低于 M10；应采用机械搅拌砂浆，搅拌时间不得少于 2min。

2）砌筑前应将砖石、砌块表面上的污物和水锈清除。砌石（块）应浇水湿润，砖应用水浸透。

3）砌体中的预埋管洞口结构应加强，并有防渗措施。砌筑池壁不得用于脚手架支搭。

4）砖砌池壁各砖层间应上下错缝，内外搭砌，灰缝均匀一致；砌砖时砂浆应满铺满挤，挤出的砂浆应随时刮平。

5）石砌池壁施工应分批砌筑，上下错缝，丁、顺搭砌，分层找齐；水平缝宜采用坐浆法，竖向缝宜采用灌浆法。

6）砌体砌筑完毕，应即进行养护，养护时间不应少于 7d。

（2）质量实测项目

砖砌体水处理构筑物、石砌体水处理构筑物施工允许偏差见表 4.3.4-1、表 4.3.4-2。

砖砌体水处理构筑物施工允许偏差　　　　　　　表 4.3.4-1

序号	检查项目		允许偏差（mm）
1	轴线位置（池壁、隔墙、柱）		10
2	高程（池壁、隔墙、柱的顶面）		±15
3	平面尺寸 （池体长、宽或直径）	$L \leqslant 20m$	±20
		$20m < L \leqslant 50m$	$\pm L/1000$
4	垂直度 （池壁、隔墙、柱）	$H \leqslant 5m$	8
		$H > 5m$	$1.5H/1000$
5	表面平整度	清水	5
		混水	8
6	中心位置	预埋件、预埋管	5
		预埋洞	10

注：L 为池体长、宽或直径；H 为池壁、隔墙或柱的高度。

石砌体水处理构筑物施工允许偏差　　　　　　　表 4.3.4-2

序号	检查项目		允许偏差（mm）
1	轴线位置（池壁）		10
2	高程（池壁顶面）		±15
3	平面尺寸 （池体长、宽或直径）	$L \leqslant 20m$	±20
		$20m < L \leqslant 50m$	$\pm L/1000$
4	垂直度 （池壁、隔墙、柱）	$H \leqslant 5m$	10
		$H > 5m$	$2H/1000$
5	表面平整度	清水	10
		混水	15
6	中心位置	预埋件、预埋管	5
		预埋洞	10
7	砌体厚度		−5，+10

注：L 为池体长、宽或直径；H 为池壁高度。

（3）优良工艺图例

优良工艺图例见图 4.3.4-1～图 4.3.4-6。

图 4.3.4-1　砖砌检查井

图 4.3.4-2　砌块矩形检查井

图 4.3.4-3　砌块圆形检查井

图 4.3.4-4　检查井偏心收口

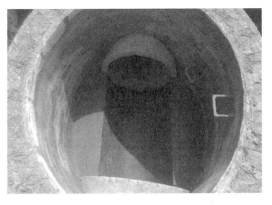

图 4.3.4-5　井内壁抹面平整

图 4.3.4-6　检查井顶面与路面平顺

（4）质量问题图例

质量问题图例见图 4.3.4-7～图 4.3.4-10。

图 4.3.4-7　井内砌体表面不平整

图 4.3.4-8　井内壁开裂

图 4.3.4-9　未按丁顺砌筑图

4.3.4-10　井外壁表面不平整，勾缝不饱满整齐

4.3.5　预制混凝土检查井

（1）工艺控制要点

1）预制检查井在工厂内预制。检查井成型拆模后，做好标识编号，要注明生产日期、构件名称、质量标识。

2）进行基底处理，按规范进行高程、平整度、地基承载力等项目的检查。地基承载力应满足设计要求。垫层注意控制高程和表面平整度。

3）井体拼装过程中如发现有不平整现象而导致接缝不密合的，则需要对井体或管件进行调整，可采用撬棍或千斤顶等进行调平，然后垫铁片嵌实、微调。

4）安装检查井后应同时安装预留支管，预留支管的管径、方向、高程应符合设计要求。

5）回填时夯实两边填料，每层回填不超过 20cm，动作不能过猛，以免挤坏井体连接处及管道接口，而且应尽量沿井体四周对称填筑，密实度应达到设计要求。

6）井口处理采用反做法。回填井室到路基标高后，进行路面基层施工，此时用厚钢板覆盖井孔，钢板与路基持平。待沥青下面层碾压成型后，刨除出倒梯形圆环状基层料，然后安装井筒及调节环，最后在井周边用沥青混合料填实压平。

（2）质量实测项目

预制混凝土检查井实测项目见表 4.3.5-1。

预制混凝土检查井实测项目

表 4.3.5-1

序号	检查项目		允许偏差（mm）
1	平面轴线位置（轴向、垂直轴向）		15
2	结构断面尺寸		0，+10
3	开室尺寸	长、宽	+20
		直径	
4	井口高程	农田或绿地	+20
		路面	与道路规定一致

续表

序号	检查项目			允许偏差（mm）
5	井底高程	开槽法管道铺设	$D_i \leqslant 1000$	±10
			$D_i > 1000$	±15
		不开槽法管道铺设	$D_i \leqslant 1500$	−20，+10
			$D_i > 1500$	−40，+20
6	踏步安装	水平及垂直间距、外露长度		±10
7	脚窝	高、宽、深		±10
8	流槽宽度			+10

注：D_i 为管道内径（mm）。

（3）优良工艺图例

优良工艺图例见图 4.3.5-1～图 4.3.5-4。

图 4.3.5-1　预制盖板外观质量良好

图 4.3.5-2　踏步安装规整

图 4.3.5-3　预制检查井管道连接顺直

图 4.3.5-4　预制管道连接勾缝饱满

（4）质量问题图例

质量问题图例见图 4.3.5-5～图 4.3.5-8。

图 4.3.5-5　预制井身蜂窝麻面严重

图 4.3.5-6　预制井身破损

图 4.3.5-7　井盖反向安装意外弹起

图 4.3.5-8　检查井下沉

4.3.6　满水试验

（1）工艺控制要点

1）水处理、调蓄构筑物施工完毕后，均应按照设计要求进行满水试验。混凝土构筑物满水试验应在防水层、防腐层施工前进行。

2）满水试验前的准备工作包括：混凝土强度已达到设计要求；与所试验构筑物连接的已建管道、构筑物的强度符合设计要求；池内清理洁净，水池内外壁的缺陷修补完毕；预留孔洞、管口及进出水口等已做临时封堵等。

3）满水试验时，与构筑物连接的管道、相邻构筑物，应采取相应的防差异沉降的措施；有伸缩补偿装置的，应保持松弛、自由状态。

4）现场测定蒸发量的设备应选用不透水材料制成，试验时固定在水池中；对池体有观测沉降要求时，应选定观测点，并测量记录池体各观测点初始高程及试验过程沉降。

5）向池内注水应分三次进行，每次注水为设计水深的 1/3；对大、中型池体，可先注水至池壁底部施工缝以上，检查底板抗渗质量，无明显渗漏时，再继续注水至第一次注水深度；每次注水应读 24h 的水位下降值，计算渗水量。

6）池体有盖时蒸发量忽略不计；池体无盖时，必须进行蒸发量测定；每次测定水池中水位时，同时测定水箱中的水位。

（2）质量实测项目

满水试验合格标准见表 4.3.6-1。

满水试验合格标准　　　　　　　　表 4.3.6-1

序号	池体结构	合格标准
1	钢筋混凝土结构水池	渗水量≤2L/(m² · d)
2	砌体结构水池	渗水量≤3L/(m² · d)

注：水池渗水量计算应按池壁（不含内隔墙）和池底的浸湿面积计算。

（3）优良工艺图例

优良工艺图例见图 4.3.6-1～图 4.3.6-4。

图 4.3.6-1　满水试验前管道封堵　　　　图 4.3.6-2　缓慢分三次注水至设计水位

图 4.3.6-3　注水至设计水位　　　　　　图 4.3.6-4　蒸发量测定

（4）质量问题图例

质量问题图例见图 4.3.6-5～图 4.3.6-8。

图 4.3.6-5　无盖水池未测蒸发量　　　　图 4.3.6-6　满水试验时水池漏水

图 4.3.6-7 注水前池内杂物未清理干净

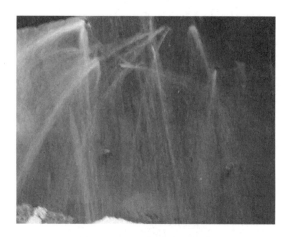

图 4.3.6-8 水池池壁漏水

4.4 明挖法管道

4.4.1 钢筋混凝土管道

1. 管道混凝土基础

（1）工艺控制要点

1）平基与管座的模板，可一次或两次支设，每次支设高度宜略高于混凝土的浇筑高度。

2）管座与平基分层浇筑时，应先将平基凿毛冲洗干净，并将平基与管体相接触的腋角部位，用同强度等级的水泥砂浆填满、捣实后，再浇筑混凝土，使管体与管座混凝土结合严密。

3）管座与平基采用垫块法一次浇筑时，必须先从一侧灌注混凝土，对侧的混凝土高过管底与灌注侧混凝土高度相同时，两侧再同时浇筑，并保持两侧混凝土高度一致。

4）管道基础应按设计要求留变形缝，变形缝的位置应与柔性接口相一致。

5）管道平基与井室基础宜同时浇筑；跌落水井上游接近井基础的一段应砌砖加固，并将平基混凝土浇至井基础边缘。

6）混凝土浇筑中应防止离析；浇筑后应进行养护，强度低于 1.2MPa 时不得承受荷载。

（2）质量实测项目

管道混凝土基础实测项目见表 4.4.1-1。

管道混凝土基础实测项目 表 4.4.1-1

序号	检查项目		允许偏差（mm）
1	平基	中线每侧宽度	0，+10
		高程	−15，0
		厚度	≥设计值

续表

序号	检查项目		允许偏差（mm）
2	管座	肩宽	−5，+10
		肩高	±20

（3）优良工艺图例

优良工艺图例见图 4.4.1-1～图 4.4.1-4。

图 4.4.1-1　槽底整平压实

图 4.4.1-2　管基模板安装直顺

图 4.4.1-3　管基混凝土浇筑

图 4.4.1-4　混凝土表面抹平

（4）质量问题图例

质量问题图例见图 4.4.1-5～图 4.4.1-8。

2. 混凝土管道安装

（1）工艺控制要点

1）管节安装前应进行管道外观检查，发现裂缝、保护层脱落、空鼓、接口掉角等缺陷，应修补并经鉴定合格后方可使用。

2）管节安装前应将管内外、承口内工作面、插口外工作面清扫干净。安装时应使管道中心及内底高程符合设计要求，稳管时应采取措施防止管道发生滚动。

图 4.4.1-5　浇筑混凝土前，未清除槽底积水

图 4.4.1-6　基础只立单侧模板

图 4.4.1-7　未浇筑基础就安装管道

图 4.4.1-8　基础混凝土表面有脚印

3）混凝土管道采用柔性接口形式时，橡胶圈应由管材厂配套供应，橡胶圈外观应光滑平整，不得有裂缝、破损、气孔、重皮等缺陷。

4）柔性接口的钢筋混凝土管安装时，套在插口上的橡胶圈应平直、无扭曲，应正确就位；橡胶圈表面和承口工作面应涂刷无腐蚀性的润滑剂；安装后放松外力，管节回弹不得大于 10mm。

5）混凝土管道采用钢丝网水泥砂浆抹带接口时，抹带前应将管口的外壁凿毛、洗净；应分层抹压钢丝网水泥砂浆抹带；抹带完成后应立即用吸水性强的材料覆盖，3～4h 后洒水养护。

6）钢筋混凝土管沿直线安装时，管口间的纵向间隙应符合设计及产品标准要求。

（2）质量实测项目

钢筋混凝土管检验标准见表 4.4.1-2。

钢筋混凝土管检验标准　　　　　　　　　　　表 4.4.1-2

序号	检查项目		允许偏差（mm）
1	柔性接口的安装位置、间隙		接口的安装位置正确，其纵向间隙符合设计和相关标准
2	刚性接口	接口的宽度、厚度	符合设计要求
		接口错口允许偏差	$D_i<700$，在施工中自检； $700<D_i\leqslant1000$，不大于 3； $D_i>1000$，不大于 5；
3		管道沿曲线安装时的接口转角	$600\leqslant D_i\leqslant1000$，1.5°； $1200\leqslant D_i\leqslant2000$，1.0°； $2200\leqslant D_i\leqslant4000$，0.5°；
4	管道接口的填缝		应符合设计要求，密实、光洁、平整

注：D_i 为管道内径（mm）。

（3）优良工艺图例

优良工艺图例见图 4.4.1-9～图 4.4.1-12。

图 4.4.1-9　管道吊放、安装

图 4.4.1-10　管道安装后采取临时稳管措施

图 4.4.1-11　及时浇筑管座混凝土

图 4.4.1-12　管座模板支撑稳固

（4）质量问题图例

质量问题图例见图 4.4.1-13～图 4.4.1-16。

图 4.4.1-13 未排尽沟槽积水，安装管道

图 4.4.1-14 管道未有临时稳管措施

图 4.4.1-15 管道安装时，轴线偏差较大

图 4.4.1-16 基坑宽度小，管座较难施工

4.4.2 金属管道（钢管、铸铁管）

1. 钢管安装

（1）工艺控制要点

1）管道安装前，管节应逐根测量、编号，宜选用管径相差最小的管节组对对接；下管前应先检查管节的内外防腐层，合格后方可下管。

2）管节组成管段下管时，管段的长度、吊距，应根据管径、壁厚、外防腐层材料的种类及下管方法确定。

3）管节组对焊接时应先修口、清根，管端端面的坡口角度、钝边、间隙，应符合设计要求；不得在对口间隙夹焊帮条或用加热法缩小间隙施焊。

4）管道对接焊接时，环向焊缝的无损探伤检测方法、检测取样数量与质量要求应按设计及相关标准要求执行。

5）钢管采用螺纹连接时，管节的切口断面应平整，偏差不得超过一扣；丝扣应光洁，不得有毛刺、乱扣、断扣，缺扣总长不得超过丝扣全长的 10%；接口紧固后宜露出 2～3 扣螺纹。

6）管道采用法兰连接时，法兰应与管道保持同心，两法兰间应平行；螺栓应使用相同规格，且安装方向应一致；螺栓应对称紧固，紧固好的螺栓应露出螺母之外。

（2）质量实测项目

钢管安装实测项目见表 4.4.2-1。

钢管安装实测项目 表 4.4.2-1

序号	检查项目		允许偏差（mm）
1	柔性接口的安装位置、间隙		接口的安装位置正确，其纵向间隙符合设计和相关标准
2	钢管对接接口	焊缝连接质量	符合设计及标准要求
		法兰接口连接质量	法兰应与管道同心，螺栓自由穿入，高强度螺栓的终拧扭矩应符合设计要求和有关标准的规定
		法兰中轴线与管道中轴线的允许偏差	$D_i \leq 300$ 时，允许偏差≤ 1；$D_i > 300$ 时，允许偏差≤ 2
		接口错口允许偏差	$D_i \leq 1000$，不大于3；$D_i > 1000$，不大于5
3	管道沿曲线安装时的接口转角		$600 \leq D_i \leq 1000$，1.5°；$1200 \leq D_i \leq 2000$，1.0°；$2200 \leq D_i \leq 4000$，0.5°
4	管道接口的填缝		应符合设计要求，密实、光洁、平整

注：D_i 为管道内径（mm）。

（3）优良工艺图例

优良工艺图例见图 4.4.2-1～图 4.4.2-4。

图 4.4.2-1 钢管对接焊接

图 4.4.2-2 钢管安装

（4）质量问题图例

质量问题图例见图 4.4.2-5～图 4.4.2-8。

图 4.4.2-3　法兰连接 1

图 4.4.2-4　法兰连接 2

图 4.4.2-5　槽底不平整且有大粒径土、石块

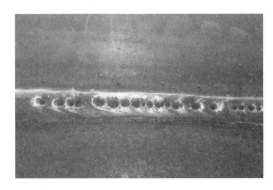

图 4.4.2-6　存在气孔等焊接缺陷

图 4.4.2-7　法兰盘锈蚀

图 4.4.2-8　法兰盘螺栓不配套、未露牙

2. 钢管内外防腐

（1）工艺控制要点

1）管体的内外防腐层宜在工厂内完成，现场连接的补口按设计要求处理。

2）水泥砂浆内防腐层可采用机械喷涂、拖筒或离心预制法施工；水泥砂浆内防腐层成形后，应立即将管道封堵，终凝后进行潮湿养护。

3）液体环氧涂料内防腐层宜采用高压无气喷涂工艺，在工艺条件受限时，可采用空气喷涂或挤涂工艺；防腐层应平整、光滑，无流挂、无划痕等。

4）石油沥青涂料外防腐层涂底料时基面应干燥，基面除锈后与涂底料的间隔时间不得超过 8h；涂刷应均匀、饱满，涂层不得有凝块、起泡现象。

5）环氧煤沥青外防腐层底料应在表面除锈合格后尽快涂刷，空气湿度过大时，应立即涂刷，涂刷应均匀，不得漏涂；面料涂刷和包扎玻璃布，应在底料表干后、固化前进行，底料与第一道面料涂刷的间隔时间不得超过 24h。

6）环氧树脂玻璃钢外防腐层现场施工可采用手糊法；间断法每次铺衬间断时应检查玻璃布衬层的质量，合格后再涂刷下一层；连续法作业，连续铺衬到设计要求的层数或厚度，并应自然养护 24h，然后进行面层树脂的施工。

7）阴极保护施工应与管道施工同步进行；阴极保护系统的阳极的种类、性能、数量、分布与连接方式，测试装置和电源设备应符合国家有关标准的规定和设计要求。

8）牺牲阳极保护法的施工应根据工程条件确定阳极施工方式。阳极电缆可以直接焊接到被保护管道上，也可通过测试桩中的连接片相连；阳极端面、电缆连接部位及钢芯均要防腐、绝缘。

（2）质量实测项目

1）内防腐层材料应符合国家相关标准的规定和设计要求，给水管道内防腐层材料的卫生性能应符合国家相关标准的规定，内防腐层、外防腐层检验标准见表 4.4.2-2、表 4.4.2-3。

水泥砂浆内防腐层检验标准 表 4.4.2-2

检查项目	允许偏差（mm）	
水泥砂浆抗压强度	符合设计要求，且不低于 30MPa	
裂缝宽度	≤0.8	
裂缝沿管道纵向长度	≤管道的周长，且≤2.0m	
平整度	<2	
防腐层厚度	D_i≤1000	±2
	1000<D_i≤1800	±3
	D_i>1800	−3，+4
麻点、空窝等表面缺陷的深度	D_i≤1000	2
	1000<D_i≤1800	3
	D_i>1800	4
缺陷面积	≤500mm²	
空鼓面积	不得超过 2 处，且每处≤10000mm²	

注：1. 工厂涂覆管节，每批抽查 20%；施工现场涂覆管节，逐根检查；

2. D_i 为管道内径（mm）。

液体环氧涂料内防腐层检验标准　　表 4.4.2-3

检查项目	允许偏差（mm）	
液体环氧涂料内防腐层表面质量	表面应平整、光滑，无气泡、无划痕等，湿膜应无流淌现象	
干膜厚度（μm）	普通级	≥200
	加强级	≥250
	特加强级	≥300
电火花试验漏点数	普通级	3
	加强级	1
	特加强级	0

注：1. 焊缝处的防腐层厚度不得低于管节防腐层规定厚度的80%。

　　2. 凡漏点检测不合格的防腐层都应补涂，直至合格。

2）外防腐层检验标准见表 4.4.2-4。

外防腐层检验标准　　表 4.4.2-4

序号	检查项目	允许偏差
1	外防腐层材料、结构	符合国家相关标准的规定和设计要求
2	外防腐层厚度	符合相关规定
3	外防腐层电火花检漏	
4	外防腐层粘结力	
5	钢管表面除锈质量等级	符合设计要求
6	管道外防腐层（包括补口、补伤）的外观质量	符合相关规定
7	管体外防腐材料搭接、补口搭接、补伤搭接	符合要求

（3）优良工艺图例

优良工艺图例见图 4.4.2-9～图 4.4.2-12。

图 4.4.2-9　钢管喷砂除锈

图 4.4.2-10　钢管外防腐

图 4.4.2-11　钢管防腐

图 4.4.2-12　防腐层检测

（4）质量问题图例

质量问题图例见图 4.4.2-13～图 4.4.2-16。

图 4.4.2-13　钢管内外防腐前除锈不彻底

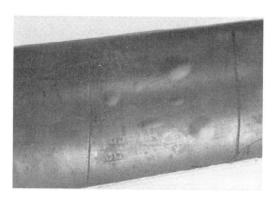

图 4.4.2-14　防腐层鼓泡

图 4.4.2-15　防腐层涂抹不均匀、不整齐

图 4.4.2-16　防腐层厚度不足

3. 球墨铸铁管安装

（1）工艺控制要点

1）管节及管件下沟槽前，应清除承口内部的油污、飞刺、铸砂及凹凸不平的铸瘤；有裂纹的管节及管件不得使用。

2）采用橡胶圈柔性接口的球墨铸铁管，承口的内工作面和插口的外工作面应光滑、轮廓清晰，不得有影响接口密封性的缺陷。

3）沿直线安装管道时，宜选用管径公差组合最小的管节组对连接，确保接口的环向间隙应均匀。

4）采用滑入式或机械式柔性接口时，橡胶圈的质量、性能、细部尺寸，应符合国家有关球墨铸铁管及管件的规定。

5）安装滑入式橡胶圈接口时，推入深度应达到标记环，并复查与其相邻已安好的第一至第二个接口推入深度。

6）安装机械式柔性接口时，应使插口与承口法兰压盖的轴线相重合；螺栓安装方向一致，用扭矩扳手均匀，对称地紧固。

（2）质量实测项目

球墨铸铁管检验合格标准见表 4.4.2-5。

球墨铸铁管检验合格标准 表 4.4.2-5

序号	检查项目	允许偏差（mm）
1	管节及管件的产品质量	管节及管件表面不得有裂纹，不得有妨碍使用的凹凸不平的缺陷；采用橡胶圈柔性接口的球墨铸铁管，承口的内工作面和插口的外工作面应光滑、轮廓清晰，不得有影响接口密封性的缺陷
2	承插接口连接质量	两管节中轴线应保持同心，承口、插口部位无破损、变形、开裂；插口推入深度应符合要求
3	法兰接口连接质量	插口与承口法兰压盖的纵向轴线一致，连接螺栓终拧扭矩应符合设计或产品使用说明要求；接口连接后，连接部位及连接件应无变形、破损
4	橡胶圈安装偏差	安装位置应准确，不得扭曲、外露；沿圆周各点应与承口端面等距，其允许偏差应为±3
5	连接后管节间平顺状况	管节间平顺，接口无突起、突弯、轴向位移现象
6	接口的环向间隙	间隙应均匀，承插间的纵向间隙不应小于3
7	管道沿曲线安装时，接口转角	接口转角角度符合要求

（3）优良工艺图例

优良工艺图例见图 4.4.2-17、图 4.4.2-18。

图 4.4.2-17　密封圈安装

图 4.4.2-18　球墨铸铁管安装

（4）质量问题图例

质量问题图例见图 4.4.2-19～图 4.4.2-22。

图 4.4.2-19　橡胶圈跑位，密封性不好

图 4.4.2-20　插口推入深度不足

图 4.4.2-21　橡胶圈安装偏差

图 4.4.2-22　承插口破损

4.4.3　塑料管道、玻璃钢夹砂管道

1. 塑料管道安装

（1）工艺控制要点

1）管道铺设采用承插式（或套筒式）接口时，宜人工布管且在沟槽内连接；槽深大于 3m 或管外径大于 400mm 的管道，宜用非金属绳索兜住管节下管；严禁将管节翻滚抛入槽中。

2）管道铺设采用电熔、热熔接口时，宜在沟槽边上将管道分段连接后以弹性铺管法移入沟槽；移入沟槽时，管道表面不得有明显的划痕。

3）管道连接时必须对连接部位、密封件、套筒等配件清理干净，套筒（带或套）连接、法兰连接、卡箍连接用的钢制套筒、法兰、卡箍、螺栓等金属制品应有防腐措施。

4）承插式柔性接口连接宜在当日温度较高时进行，插口端不宜插到承口底部，应留出不小于 10mm 的伸缩空隙，插入前应在插口端外壁做出插入深度标记；插入完毕后，承插口周围空隙均匀，连接的管道平直。

5）电熔连接、热熔连接、套筒（带或套）连接、法兰连接、卡箍连接应在当日温度较低或接近最低时进行；接头处应有沿管节圆周平滑对称的外翻边，内翻边应铲平。

6）管道系统设置的弯头、三通、变径处应采用混凝土支墩或金属卡箍拉杆等技术措施；非锁紧型承插连接管道，每根管节应有固定措施。

（2）质量实测项目

塑料管道安装的质量检查见表 4.4.3-1。

塑料管道安装的质量检查　　　　　　　　　　　　　表 4.4.3-1

序号	检查项目	允许偏差
1	承插、套筒式连接情况	连接时，承口、插口部位及套筒连接紧密，无破损、变形、开裂等现象；插入后胶圈应位置准确，无扭曲等现象；双道橡胶圈的单口水压试验合格
2	聚乙烯管、聚丙烯管接口熔焊连接	焊接应完整，无缺损和变形现象 熔焊焊缝焊接力学性能不低于母材 对接错边量≤管材壁厚的10%，且≤3mm
3	卡箍连接、法兰连接、钢塑过渡接头连接情况	应连接件齐全、位置正确、安装牢固，连接部位无扭曲、变形
4	承插、套筒式接口插入深度，相邻管口的纵向、环向间隙	插入深度应符合要求，纵向间隙不小于10mm，环向间隙应均匀一致
5	承插式管道沿曲线安装时的接口转角	聚乙烯管、聚丙烯管≤1.5°；硬聚氯乙烯管≤1.0°

（3）优良工艺图例

优良工艺图例见图 4.4.3-1、图 4.4.3-2。

图 4.4.3-1　塑料管道热熔连接 1　　　　图 4.4.3-2　塑料管道热熔连接 2

（4）质量问题图例

质量问题图例见图 4.4.3-3、图 4.4.3-4。

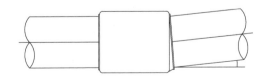 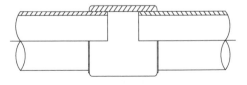

图 4.4.3-3　出现角度偏差　　　　　　图 4.4.3-4　插入不到位

2. 玻璃钢夹砂管道安装

（1）工艺控制要点

1）玻璃钢管的内、外表面应光滑平整，无划痕、分层、针孔、杂质、破碎等现象；管端面应平齐、无毛刺等缺陷。

2）玻璃钢管接口连接采用套筒式连接的，应清除套筒内侧和插口外侧的污渍和附着物。

3）管道安装就位后，套筒式或承插式接口周围不应有明显变形和胀破。

4）检查井、透气井、阀门井等附属构筑物或水平折角处的管节，应采取避免不均匀沉降造成接口转角过大的措施。

5）混凝土或砌筑结构等构筑物墙体内的管节，可采取设置橡胶圈或中介层法等措施，管外壁与构筑物墙体的交界面密实、不渗漏。

6）玻璃钢管管道曲线铺设时，接口的允许转角不得大于相关标准的规定。

（2）质量实测项目

玻璃钢夹砂管道检验标准见表4.4.3-2。

玻璃钢夹砂管道检验标准 　　　　　　　　　　　　　　　表4.4.3-2

序号	检查项目	允许偏差
1	承插、套筒式连接情况	连接时，承口、插口部位及套筒连接紧密，无破损、变形、开裂等现象；插入后胶圈应位置准确，无扭曲等现象
2	卡箍连接、法兰连接、钢塑过渡接头连接情况	应连接件齐全、位置正确、安装牢固，连接部位无扭曲、变形
3	承插、套筒式接口插入深度，相邻管口的纵向、环向间隙	插入深度应符合要求，纵向间隙≥10mm，环向间隙应均匀一致
4	承插式管道沿曲线安装时的接口转角	不应大于相关标准的规定

（3）优良工艺图例

优良工艺图例见图4.4.3-5、图4.4.3-6。

图4.4.3-5　玻璃钢夹砂管道承插对接　　　图4.4.3-6　玻璃钢夹砂管道包缠对接

（4）质量问题图例

质量问题图例见图 4.4.3-7、图 4.4.3-8。

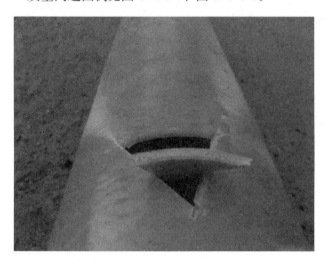

图 4.4.3-7　玻璃钢夹砂管道破损

图 4.4.3-8　插入不到位

4.4.4　闭水试验

（1）工艺控制要点

1）闭水试验前，应编制试验方案，试验方案的主要内容包括：后背及堵板的设计；进水管道、排气孔及排水孔的设计；加压设备、压力计的选择及安装的设计；排水疏导措施；升压分级的划分及观测制度的规定；试验管段的稳定措施和安全措施。

2）闭水试验前，应做好水源的引接、排水的疏导等方案。

3）管道采用两种（或两种以上）管材时，宜按不同管材分别进行试验；不具备分别试验的条件必须组合试验，且设计无具体要求时，应采用不同管材的管段中试验控制最严的标准进行试验。

4）管道的试验长度除本手册规定和设计另有要求外，无压力管道的闭水试验，条件允许时可一次试验不超过 5 个连续井段，抽样选取，带井试验；对于无法分段试验的管道，应由工程有关方面根据工程具体情况确定。

5）试验管段灌满水后浸泡时间不应少于 24h；试验水头应按标准规定确定；试验水头达规定水头时开始计时，观测管道的渗水量，直至观测结束时，应不断地向试验管段内补水，保持试验水头恒定。渗水量的观测时间不得小于 30min；

6）管道闭水试验时，应进行外观检查，不得有漏水现象，且实测渗水量不大于标准规定的允许渗水量时，管道闭水试验为合格；

（2）质量实测项目

无压管道闭水试验允许渗水量见表 4.4.4-1。

无压管道闭水试验允许渗水量　　　　　　　　表 4.4.4-1

序号	管材	管道内径 D_i（mm）	允许渗水量（m³/24h·km）
1		200	17.60
2		300	21.62
3		400	25.00
4		500	27.95
5		600	30.60
6		700	33.00
7		800	35.35
8		900	37.50
9		1000	39.52
10	钢筋混凝土管	1100	41.45
11		1200	43.30
12		1300	45.00
13		1400	46.70
14		1500	48.40
15		1600	50.00
16		1700	51.50
17		1800	53.00
18		1900	54.48
19		2000	55.90

（3）优良工艺图例

优良工艺图例见图 4.4.4-1～图 4.4.4-4。

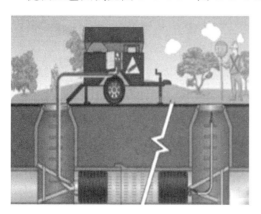

图 4.4.4-1　闭水试验模拟图

图 4.4.4-2　试验水头测量

图 4.4.4-3　塑料管道闭水试验

图 4.4.4-4　管道交叉的闭水试验

（4）质量问题图例

质量问题图例见图 4.4.4-5、图 4.4.4-6。

图 4.4.4-5　管道接口破损，
端部封堵不严

图 4.4.4-6　气囊充气压力不足，
端部封堵不严

4.5　明挖法箱涵施工

4.5.1　现浇混凝土箱涵

（1）工艺控制要点

1）垫层混凝土表面应平整，并强度达到设计要求。

2）单根钢筋接长宜采用双面电弧焊接；钢筋交叉处用扎丝绑扎牢固，钢筋网绑扎方向要错开，不可往一方向绑扎。

3）模板在安装和浇筑过程中应保持规定的线形，直至混凝土充分硬化；接缝不严密的模板中间夹一层海绵，再对其固定，模板的水平缝和垂直缝应贯穿整个结构物。

4）模板加工必须满足截面尺寸，两对角误差小于 1mm；模板面应涂隔离剂；模板底部采用砂浆溜缝，确保不漏浆。

5）竖向混凝土浇筑宜分为底板、侧墙及顶板两次浇筑，按规定留置施工缝，并保证接缝处有良好的衔接面；采用平板式振动器和插入式振动器相互配合使用；混凝土初凝后，及时洒水养护，外表面覆盖湿麻袋养护。

6）箱涵顶板混凝土达到设计强度、防水施工完成后进行回填，基坑两边同时对称回填。

（2）质量实测项目

箱涵混凝土实测项目见表 4.5.1-1。

箱涵混凝土实测项目 表 4.5.1-1

序号	检查项目		允许偏差（mm）
1	混凝土和砂浆强度		在合格标准内
2	轴线偏位	明涵	20
		暗涵	50
3	结构尺寸		±20
4	涵底流水面高程		±20
5	长度		−50，+100
6	孔径		±20
7	顶面高程	明涵	±20
		暗涵	

（3）优良工艺图例

优良工艺图例见图 4.5.1-1～图 4.5.1-6。

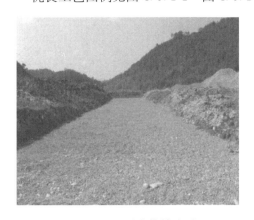

图 4.5.1-1 基底换填砂砾

图 4.5.1-2 箱涵钢筋绑扎

图 4.5.1-3 箱涵模板施工

图 4.5.1-4 箱涵主体施工完毕

图 4.5.1-5 箱涵洞口线条顺直

图 4.5.1-6 箱涵洞内墙面平整

（4）质量问题图例

质量问题图例见图 4.5.1-7～图 4.5.1-10。

图 4.5.1-7 施工缝渗漏

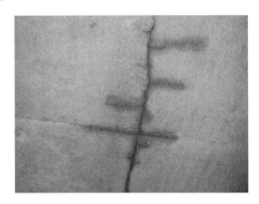

图 4.5.1-8 顶板裂缝渗漏

图 4.5.1-9 涵洞变形缝堵漏

图 4.5.1-10 蜂窝麻面

4.5.2　预制混凝土箱涵

（1）工艺控制要点

1）按箱涵中心坐标进行基础放样，轴线及边角打设控制桩和保护桩。

2）严格控制混凝土垫层顶面标高，保证基础顶面的平整度。混凝土垫层浇筑好后及时进行养护。

3）预制箱涵混凝土强度达到设计要求强度后方可运输并吊装，采取必要的固定、缓存措施并根据吊环位置及时调整运输方式，避免发生损坏、磕碰，以防止构件损伤。

4）纵向的预制节段用连接缝和沉降缝相间设置，连接缝采用螺栓连接。槽口用砂浆填塞密实、平整。

5）箱涵外漏部分应按设计要求进行防水处理，对结构的铰缝、接缝及沉降缝作相应的防漏处理。

（2）质量实测项目

预制箱涵实测项目见表 4.5.2-1。

预制箱涵实测项目 表 4.5.2-1

序号	项目	允许偏差（mm）
1	混凝土强度	≥设计值
2	构件长度	0，+5
3	壁厚	−3，+5
4	轴线偏位	50
5	结构长度	−50，+100
6	底面高程	±10
7	内、外轮廓线形偏离设计线形	±20
8	相邻节段内轮廓线错口	5
9	垫层宽度、厚度	≥设计值

（3）优良工艺图例

优良工艺图例见图 4.5.2-1～图 4.5.2-4。

图 4.5.2-1　预制箱涵接口处理

图 4.5.2-2　待拼装预制箱涵

图 4.5.2-3　预制箱涵吊装

图 4.5.2-4　预制箱涵拼装完成

（4）质量问题图例

质量问题图例见图 4.5.2-5～图 4.5.2-8。

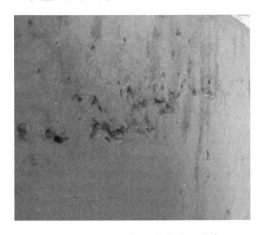

图 4.5.2-5　预制箱涵构件出现蜂窝

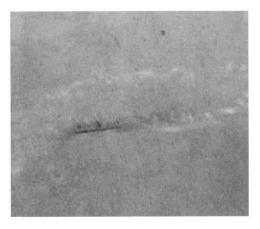

图 4.5.2-6　预制箱涵构件露筋

图 4.5.2-7　预制箱涵构件崩角

图 4.5.2-8　预制箱涵构件色差严重

4.6 顶管法施工管道

4.6.1 工作井、接收井施工

1. 沉井法

（1）工艺控制要点

1）为避免沉井制作过程中产生不均匀沉降，场地上应铺设一定厚度的砂垫层。拼装刃脚角钢时，应控制好刃脚的中线和边线。

2）浇筑井身混凝土时，应沿井壁四周均匀对称进行，避免高差悬殊、压力不均、产生地基不均匀沉降而造成沉井断裂；做好井壁分节处的施工缝处理，以防漏水。

3）在沉井下沉过程中由于土质不均匀或出现障碍物等情况，都会造成沉井纠偏；沉井纠偏要根据实际情况选择合适的方法。

4）沉井挖土应连续作业，中途不停顿，确保沉井连续、安全下沉就位。当刃脚距离设计标高在 1.5m 时，沉井下沉速度应逐渐放缓，挖土高差控制在 50cm 内，当沉井接近标高时，应预先做好防止下沉措施。

5）沉井下沉至标高，应进行沉降观测，当 8h 内下沉量小于或等于 10mm 时，方可封底。根据地下水位情况进行水下或干法封底混凝土施工。

6）后背墙结构强度与刚度必须满足顶管最大允许顶力和设计要求，后背墙平面与掘进轴线应保持垂直；导轨的整体强度、刚度、安装坡度应满足要求。

（2）质量实测项目

沉井法施工工作井实测项目见表 4.6.1-1。

沉井法施工工作井实测项目　　　　　　　　　　表 4.6.1-1

序号	检查项目			允许偏差（mm）
1	井内导轨安装	顶面高程		+3.0
		中心水平位置		+5.0
		两轨间距		±2
2	井尺寸	矩形	每侧长、宽	≥设计要求
		圆形	半径	
3	进、出井预留洞口	中心位置		20
		内径尺寸		±20
4	井底板高程			±30
5	顶管工作井后背墙	垂直度		0.1%H
		水平扭转度		0.1%L

注：H 为后背墙的高度（mm）；L 为后背墙的长度（mm）。

（3）优良工艺图例

优良工艺图例见图 4.6.1-1～图 4.6.1-4。

图 4.6.1-1　沉井预留洞口处加强钢筋绑扎

图 4.6.1-2　沉井拆模后外观

图 4.6.1-3　沉井挖土下沉

图 4.6.1-4　沉井封底

（4）质量问题图例

质量问题图例见图 4.6.1-5～图 4.6.1-8。

图 4.6.1-5　井壁接高处混凝土振捣不实

图 4.6.1-6　井壁渗水（施工缝处）

图 4.6.1-7 沉井倾斜

图 4.6.1-8 井壁浇筑不同步

2. 逆作法

（1）工艺控制要点

1）根据设计图纸要求进行止水帷幕施工，确保止水效果。

2）井壁混凝土强度大于 80％ 设计强度后，方可进行下一节开挖。

3）井内土方开挖采用分层法，每层开挖深度不超过 1m。井底土方严禁超挖。

4）为保证逆作井的垂直度，每浇筑完三节护壁，校核井中心位置及垂直度一次。

5）后背墙结构强度与刚度必须满足顶管最大允许顶力和设计要求，后背墙平面与掘进轴线应保持垂直，表面应坚实平整，能有效地传递作用力。

6）导轨应采用钢质材料，其整体强度与刚度应满足施工要求；导轨安装的坡度应与设计坡度一致。

（2）质量实测项目

逆作法施工的工作井实测项目见表 4.6.1-2。

逆作法施工的工作井实测项目　　　　　　　表 4.6.1-2

序号	检查项目			允许偏差（mm）
1	井内导 轨安装	顶面高程		＋3.0
		中心水平位置		＋5.0
		两轨间距		±2
2	井尺寸	矩形	每侧长、宽	≥设计值
		圆形	半径	
3	进、出井 预留洞口	中心位置		20
		内径尺寸		±20
4	井底板高程			±30
5	顶管工作 井后背墙	垂直度		$0.1\%H$
		水平扭转度		$0.1\%L$

注：H 为后背墙的高度（mm）；L 为后背墙的长度（mm）。

（3）优良工程图例

优良工程图例见图 4.6.1-9～图 4.6.1-12。

图 4.6.1-9　逆作井护壁浇筑完成后，土方开挖

图 4.6.1-10　沉井基底人工清土

图 4.6.1-11　基底钢筋铺筑

图 4.6.1-12　导轨安装，后背墙制作

（4）质量问题图例

质量问题图例见图 4.6.1-13、图 4.6.1-14。

图 4.6.1-13　逆作井护壁变形

图 4.6.1-14　最下节井壁垮塌

4.6.2　顶管顶进施工

1. 钢管顶进

（1）工艺控制要点

1）顶管进出洞的洞口土体应根据地质条件进行加固。

2）安装在支架上的千斤顶数量宜为偶数，规格应相同，并应按管道轴线两侧对称布置，千斤顶的合力中心应低于管中心；顶铁应满足传递顶力、便于出泥的需要。

3）钢管连接采用对接焊缝，小直径管道焊缝宜采用单边 V 形坡口，大直径管道宜采用 K 形或 V 形坡口，同顶铁的接触面应为坡口的平端。

4）中继间壳体应有足够的强度和刚度。中继间的启动和拆除应由前向后依次进行。

5）管道顶进过程中，应遵循"勤测量、勤纠偏、微纠偏"的原则，控制顶管机前进方向和姿态。每顶进一节管节应进行一次测量纠偏。

6）管道减阻可采用膨润土触变泥浆，遵循"同步注浆与补浆相结合"和"先注后顶、随顶随注、及时补浆"的原则。

7）顶进贯通后，应及时对管道外的空隙进行填充、固化处理，减少地面沉降。

（2）质量实测项目

钢管顶管实测项目见表 4.6.2-1。

钢管顶管实测项目　　　　　　　　　　　　表 4.6.2-1

序号	检查项目			允许偏差（mm）
1	直线顶管水平轴线	顶进长度＜300m		50
		300m≤顶进长度＜1000m		100
		顶进长度≥1000m		$L/10$
2	直线顶管内底高程	顶进长度＜300m	$D_i<1500$	−40，+30
			$D_i≥1500$	−50，+40
		300m≤顶进长度＜1000m		−80，+60
		顶进长度≥1000m		−100，+80
3	曲线顶管水平轴线	$R≤D_i$	水平曲线	150
			竖曲线	150
			复合曲线	200
		$R>D_i$	水平曲线	150
			竖曲线	150
			复合曲线	150
4	曲线顶管内底高程	$R≤D_i$	水平曲线	−150，+100
			竖曲线	−200，+150
			复合曲线	±200
		$R>D_i$	水平曲线	−150，+100
			竖曲线	−150，+100
			复合曲线	±200

续表

序号	检查项目	允许偏差（mm）
5	钢管相邻管间错口	≤2
6	钢管竖向变形	≤0.03D_i
7	对顶时两端错口	50

注：D_i 为管道内径（mm）；L 为顶进长度（m）。

（3）优良工程图例

优良工程图例见图 4.6.2-1～图 4.6.2-4。

图 4.6.2-1　顶铁安装

图 4.6.2-2　钢管顶进施工

图 4.6.2-3　钢管安装

图 4.6.2-4　中继间及注浆管

（4）质量问题图例

质量问题图例见图 4.6.2-5、图 4.6.2-6。

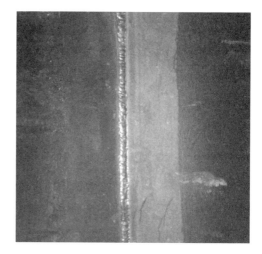

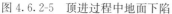
图 4.6.2-5　顶进过程中地面下陷　　　　图 4.6.2-6　焊缝不饱满、凹坑

2. 混凝土管顶进

（1）工艺控制要点

1）顶管进出洞的洞口土体应根据地质条件进行加固。

2）安装在支架上的千斤顶数量宜为偶数，规格应相同，并应按管道轴线两侧对称布置，千斤顶的合力中心应低于管中心；顶铁应满足传递顶力、便于出泥的需要。

3）钢筋混凝土管接头宜使用单橡胶圈钢承口和双橡胶圈钢承口。顶管施工结束后，管节间缝隙采用双组分聚硫密封膏或其他材料填充。嵌缝前必须将缝隙内的杂质、油污清理干净，做到平整、干燥。

4）中继间壳体应有足够的强度和刚度。中继间的启动和拆除应由前向后依次进行。

5）管道顶进过程中，应遵循"勤测量、勤纠偏、微纠偏"的原则，控制顶管机前进方向和姿态。每顶进一节管节应进行一次测量纠偏。

6）管道减阻可采用膨润土触变泥浆，遵循"同步注浆与补浆相结合"和"先注后顶、随顶随注、及时补浆"的原则。

7）顶进贯通后，应及时对管道外的空隙进行填充、固化处理，减少地面沉降。

（2）质量实测项目

钢筋混凝土管顶管实测项目见表 4.6.2-2。

钢筋混凝土管顶管实测项目　　　　　　　　表 4.6.2-2

序号	检查项目			允许偏差（mm）
1	直线顶管水平轴线	顶进长度<300m		50
		300m≤顶进长度<1000m		100
		顶进长度≥1000m		$L/10$
2	直线顶管内底高程	顶进长度<300m	$D_i<1500$	−40，+30
			$D_i≥1500$	−50，+40
		300m≤顶进长度<1000m		−80，+60
		顶进长度≥1000m		−100，+80

序号	检查项目			允许偏差（mm）
3	曲线顶管水平轴线	$R \leqslant D_i$	水平曲线	150
			竖曲线	150
			复合曲线	200
		$R > D_i$	水平曲线	150
			竖曲线	150
			复合曲线	150
4	曲线顶管内底高程	$R \leqslant D_i$	水平曲线	−150，＋100
			竖曲线	−200，＋150
			复合曲线	±200
		$R > D_i$	水平曲线	−150，＋100
			竖曲线	−150，＋100
			复合曲线	±200
5	钢筋混凝土管相邻管间错口			15％壁厚，且≤20
6	钢筋混凝土管曲线顶管相邻管间 接口的最大间隙与最小间隙之差			≤ΔS
7	对顶时两端错口			50

注：D_i 为管道内径（mm）；L 为顶进长度（m）；ΔS 为曲线顶管相邻管节接口允许的最大间隙与最小间隙之差（mm）；R 为曲线顶管的设计曲率半径（mm）。

（3）优良工程图例

优良工程图例见图 4.6.2-7～图 4.6.2-10。

图 4.6.2-7 钢筋混凝土管安装

图 4.6.2-8 管内整齐布置注浆孔、排泥管等

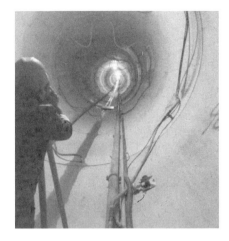

图 4.6.2-9　钢筋混凝土管进　　　　　图 4.6.2-10　测量与纠偏

（4）质量问题图例

质量问题图例见图 4.6.2-11～图 4.6.2-14。

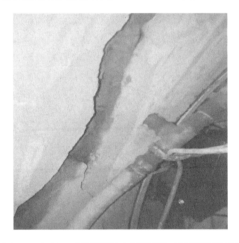

图 4.6.2-11　钢筋混凝土管开裂（注浆孔附近）　图 4.6.2-12　钢筋混凝土管开裂（管身）

图 4.6.2-13　进洞口漏水　　　　　　图 4.6.2-14　混凝土管破损

第5章 综合管廊工程

5.1 综合管廊工程技术标准及质量控制重点

5.1.1 施工及验收技术标准

1.《地下工程防水技术规范》GB 50108—2008
2.《建筑地基基础工程施工质量验收标准》GB 50202—2018
3.《混凝土结构工程施工质量验收规范》GB 50204—2015
4.《钢结构工程施工质量验收标准》GB 50205—2020
5.《地下防水工程质量验收规范》GB 50208—2011
6.《建筑给水排水及采暖工程施工质量验收规范》GB 50242—2002
7.《混凝土结构耐久性设计标准》GB/T 50476—2019
8.《钢结构焊接规范》GB 50661—2011
9.《混凝土结构工程施工规范》GB 50666—2011
10.《城市综合管廊工程技术规范》GB 50838—2015
11.《建筑与市政地基基础通用规范》GB 55003—2021
12.《混凝土结构通用规范》GB 55008—2021
13.《钢筋焊接及验收规程》JGJ 18—2012
14.《普通混凝土配合比设计规程》JGJ 55—2011
15.《钢筋机械连接技术规程》JGJ 107—2016
16.《建筑基坑支护技术规程》JGJ 120—2012
17.《混凝土结构用钢筋间隔件应用技术规程》JGJ/T 219—2010
18.《城市综合管廊施工及验收规程》T/CECS 895—2021
19.《节段预制装配综合管廊施工及验收标准》T/CMEA 6—2020

5.1.2 规范标准强制性条文

1.《地下工程防水技术规范》GB 50108—2008

3.1.4 地下工程迎水面主体结构应采用防水混凝土，并应根据防水等级的要求采取其他防水措施。

3.2.1 地下工程的防水等级应分为四级，各等级防水标准应符合表 3.2.1 的规定。

表 3.2.1 地下工程防水标准

防水等级	防水标准
一级	不允许渗水，结构表面无湿渍

续表

防水等级	防水标准
二级	不允许漏水，结构表面可有少量湿渍； 工业与民用建筑：总湿渍面积不应大于总防水面积（包括顶板、墙面、地面）的1/1000；任意100m²防水面积上湿渍不超过2处，单个湿渍的最大面积不大于0.1m²； 其他地下工程：总湿渍面积不应大于总防水面积的2/1000；任意100m²防水面积上的湿渍不超过3出，单个湿渍的最大面积不大于0.2m²；其中隧道工程还要求平均渗水量不大于0.05L/（m²·d），任意100m²防水面积上的渗水量不大于0.15L/（m²·d）
三级	有少量漏水点，不得有线流和漏泥砂； 任意100m²防水面积上的漏水或湿渍点数不超过7处，单个漏水点的最大漏水量不大于2.5L/d，单个湿渍最大面积不大于0.3m²
四级	有漏水点，不得有线流和漏泥砂； 整个工程平均漏水量不大于2L/（m²·d）；任意100m²防水面积上的平均漏水量不大于4L/（m²·d）

3.2.2 地下工程不同防水等级的使用范围，应根据工程的重要性和使用中对防水的要求按表3.2.2选定。

表3.2.2 不同防水等级的使用范围

防水等级	适用范围
一级	人员长期停留的场所；因有少量湿渍会使物品变质、失效的贮物场所及严重影响设备正常运转和危及工程安全运营的部位；极重要的战备工程、地铁车站
二级	人员经常活动的场所；在有少量湿渍的情况下不会使物品变质、失效的贮物场所及基本不影响设备正常运转和工程安全运营的部位；重要的战备工程
三级	人员临时活动的场所；一般战备工程
四级	对渗漏水无严格要求的工程

4.1.22 防水混凝土拌合物在运输后如出现离析，必须进行二次搅拌。当坍落度损失后不能满足施工要求时，应加入原水胶比的水泥浆或掺加同品种的减水剂进行搅拌，严禁直接加水。

4.1.26 施工缝的施工应符合下列规定：

1 水平施工缝浇筑混凝土前，应将其表面浮浆和杂物清除，然后铺设净浆或涂刷混凝土界面处理剂、水泥基渗透结晶型防水涂料等材料，再铺30～50mm厚的1：1水泥砂浆，并应及时浇筑混凝土；

2 垂直施工缝浇筑混凝土前，应将其表面清理干净，再涂刷混凝土界面处理剂或水泥基渗透结晶型防水涂料，并应及时浇筑混凝土；

5.1.3 变形缝处混凝土结构的厚度不应小于300mm。

2.《地下防水工程质量验收规范》GB 50208—2011

4.1.16 防水混凝土结构的施工缝、变形缝、后浇带、穿墙管、埋设件等设置和构造必须符合设计要求。

4.4.8 涂料防水层的平均厚度应符合设计要求,最小厚度不得小于设计厚度的90%。

5.2.3 中埋式止水带埋设位置应准确,其中间空心圆环与变形缝的中心线应重合。

5.3.4 采用掺膨胀剂的补偿收缩混凝土,其抗压强度、抗渗性能和限制膨胀率必须符合设计要求。

7.2.12 隧道、坑道排水系统必须通畅。

3.《城市综合管廊工程技术规范》GB 50838—2015

4.3.4 天然气管道应在独立舱室内敷设。

4.3.5 热力管道采用蒸汽介质时应在独立舱室内敷设。

4.3.6 热力管道不应与电力电缆同舱敷设。

5.1.7 压力管道进出综合管廊时,应在综合管廊外部设置阀门。

5.4.1 综合管廊的每个舱室应设置人员出入口、逃生口、吊装口、进风口、排风口、管线分支口等。

5.4.7 天然气管道舱室的排风口与其他舱室排风口、进风口、人员出入口以及周边建(构)筑物口部距离不应小于10m。天然气管道舱室的各类孔口不得与其他舱室联通,并应设置明显的安全警示标识。

6.4.2 天然气管道应采用无缝钢管。

6.4.6 天然气调压装置不应设置在综合管廊内。

6.5.5 当热力管道采用蒸汽介质时,排风管应引至综合管廊外部安全空间,并应与周边环境相协调。

6.6.1 电力电缆应采用阻燃电缆或不燃电缆。

4.《建筑与市政地基基础通用规范》GB 55003—2021

见本书"3.1.2 规范标准强制性条文"的"1.《建筑与市政地基基础通用规范》GB 55003—2021"的相关规定。

5.《混凝土结构通用规范》GB 55008—2021

见本书"2.1.2 规范标准强制性条文"的"3.《混凝土结构通用规范》GB 55008—2021"的相关内容。

6.《普通混凝土配合比设计规程》JGJ 55—2011

6.2.5 对耐久性有设计要求的混凝土应进行相关耐久性试验验证。

7.《建筑基坑支护技术规程》JGJ 120—2012

3.1.2 基坑支护应满足下列功能要求:

1 保证基坑周边建(构)筑物、地下管线、道路的安全和正常使用;

2 保证主体地下结构的施工空间。

8.1.3 当基坑开挖面上方的锚杆、土钉、支撑未达到设计要求时,严禁向下超挖土方。

8.1.4 采用锚杆或支撑的支护结构,在未达到设计规定的拆除条件时,严禁拆除锚杆或支撑。

8.1.5 基坑周边施工材料、设施或车辆荷载严禁超过设计要求的地面荷载限值。

8.2.2 安全等级为一级、二级的支护结构,在基坑开挖过程与支护结构使用期内,必须进行支护结构的水平位移监测和基坑开挖影响范围内建（构）筑物、地面的沉降监测。

8.《混凝土结构通用规范》GB 55008—2021

见本书"2.1.2　规范标准强制性条文"的"3.《混凝土结构通用规范》GB 55008—2021"的相关内容。

5.1.3　创优质量控制重点

1. 实体质量

（1）现浇混凝土管廊：地基承载力应满足设计要求；防水混凝土的抗压强度和抗渗性能必须符合设计要求；防水混凝土结构的变形缝、施工缝、后浇带、穿墙管、埋设件等设置和构造必须符合设计要求；回填土压实系数应符合设计要求。

（2）预制混凝土管廊：地基承载力应满足设计要求，防水混凝土的抗压强度和抗渗性能必须符合设计要求；构件安装位置、预埋吊件、预留孔洞、连接构造等满足设计要求；管廊接缝处防水材料应符合设计要求；节段纵向预应力筋锚固时的张拉应力应满足设计要求；回填土压实系数应符合设计要求。

（3）钢结构管廊：地基承载力应满足设计要求，钢结构管廊纵向拼接间隙、节间拼接间隙满足设计要求；镀锌层厚度、FBE 层厚度应满足设计要求；回填土压实系数应符合设计要求。

2. 外观质量

（1）现浇混凝土管廊：防水混凝土结构表面应坚实、平整，不得有露筋、蜂窝等缺陷；埋设件位置应准确。

（2）预制混凝土管廊：预制构件成品不得出现露筋、蜂窝、孔洞、夹渣、疏松等质量缺陷。

（3）钢结构管廊：钢结构管廊整体顺直、无弯曲；管壁不得有裂纹、凹陷、鼓包、划痕等缺陷；法兰连接严密、平整；涂层应无漏涂，且表面光滑、连续、均匀，无肉眼可见的空隙、裂缝、脱皮、破损等缺陷；管壁无污染。

3. 内业资料

（1）图纸会审、设计交底，施工图设计文件修改、变更、治商应符合程序，记录完整。

（2）施工组织设计、施工方案、危险性较大的分部分项工程专项施工方案、技术交底、安全技术交底、施工日志、施工记录齐全，施组有质量目标，审批手续齐全。

（3）原材料、构配件、预制构件及商品混凝土的质量资料齐全，水泥、钢筋、砂石料、石灰、砖、商品混凝土、钢构件应具有出厂合格证明及现场检测报告。

（4）见证取样和送检记录：水泥、钢筋、掺和料、外加剂、混凝土试块、钢构件等见证取样和送检记录资料及相关试验（检验）报告单。

（5）施工试验资料：回填土密实度、混凝土试块抗压、抗折强度、抗渗、焊接、螺栓连接、预应力张拉等试验报告及统计评定。

（6）功能性检验资料：原状地基承载力试验、复合地基压板试验，软基处理桩体的单桩静载试验、管廊接缝密水性试验、管廊中隔板承压试验等。

（7）施工记录：软基处理工程桩施工记录、混凝土浇筑施工记录，预应力张拉施工记录、预制管廊安装施工记录、钢结构连接施工记录、钢结构防腐施工记录等应内容完整、记录真实。

（8）测量复核记录：控制点、基准线、水准点的复测记录，有放必复。

（9）质量验收记录：检验批、分项、分部、单位工程验收及隐蔽工程验收记录应内容齐全、结论明确、签认手续完整，参与验收人员应具有相应资格。

5.2 现浇混凝土管廊

5.2.1 管廊主体结构

（1）工艺控制要点

1）钢筋加工及安装应符合相关规定；钢筋遇孔洞时应尽量绕过，不得截断。如必须截断时，应与孔洞口加固环筋焊接锚固。

2）模板要求拼缝严密，保证不漏浆，四凸面必须符合要求；水平支撑不得贯穿结构构件，如用穿墙螺栓拉结侧墙模板，应采用止水对拉螺杆。

3）合理调配混凝土及保持混凝土浇筑的连续性，不得因施工不当而随意留设施工缝。

4）较厚的底板、所有的侧墙应分层浇筑，层厚 300～400mm，循序渐进，混凝土落高不得超过 2m，否则应使用流槽或漏斗管。

5）混凝土采用插入式振捣器，防止漏振或过振。对预留洞、预埋管道等一些特殊部位，浇筑混凝土时防止碰撞，以免发生位移或歪斜。

6）混凝土浇筑后 4～6h 就应开始淋水养护，养护时间不得少于 14d。

（2）质量实测项目

现浇混凝土综合管廊结构尺寸允许偏差见表 5.2.1-1。

现浇混凝土综合管廊结构尺寸允许偏差　　　　　　　　　　　　　表 5.2.1-1

序号	项目		允许偏差（mm）
1	轴线位置基础		15
2	墙、柱、梁		8
3	垂直度	高度≤6m	10
4		高度>6m	12
5	全高（H）		$H/30000+20$
6	标高		±10
7	截面尺寸基础		−10，+15
8	截面尺寸墙、板		−5，+10
9	表面平整度		8
10	预埋设中心线预埋件		10
11	预埋螺栓		5
12	预埋管		5
13	预留洞中心线位置		15

（3）优良工艺图例

优良工艺图例见图 5.2.1-1～图 5.2.1-4。

图 5.2.1-1 管廊钢筋绑扎

图 5.2.1-2 成型的三箱管廊

图 5.2.1-3 管廊箱室内部干净、整洁

图 5.2.1-4 管廊支架安装牢固、整齐

（4）质量问题图例

质量问题图例见图 5.2.1-5～图 5.2.1-8。

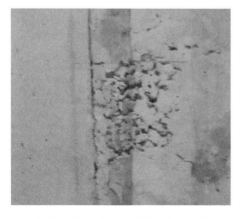

图 5.2.1-5 管廊结构混凝土蜂窝

图 5.2.1-6 管廊结构混凝土露筋

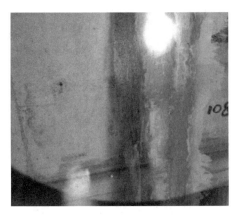

图 5.2.1-7　管廊结构混凝土渗漏　　　　图 5.2.1-8　管廊结构混凝土裂缝

5.2.2　管廊防水工程

（1）工艺控制要点

1）铺贴防水卷材前，清扫应干净、干燥，并应涂刷基层处理剂；当基面潮湿时，应涂刷湿固化型胶粘剂或潮湿界面隔离剂。

2）防水涂料的施工应先做细部构造处理，再进行大面积施工；防水涂料宜多遍均匀涂布，立面施工时宜采用抗流坠措施，两次作业的接槎宽度不应小于 100mm。

3）中埋式止水带的接缝应设在边墙较高位置上，不得设在结构转角处；接头宜采用热压焊接，接缝应平整、牢固，不得有裂口和脱胶现象。

4）外贴式止水带在变形缝与施工缝相交部位宜采用十字配件；外贴式止水带在变形缝转角部位宜采用直角配件。止水带埋设位置应准确，固定应牢靠。

5）变形缝处表面粘贴卷材或涂刷涂料前，应在缝上设置隔离层和加强层。嵌填密封材料的缝内两侧基面应涂刷基层处理剂，嵌缝底部应设置背衬材料，密封材料嵌填应严密、连续、饱满，粘结牢固。

6）固定式穿墙管应加焊止水环或环绕遇水膨胀止水圈，并作好防腐处理；套管式穿墙管的套管与止水环及翼环应连续满焊，并作好防腐处理。

（2）质量实测项目

混凝土综合管廊防水工程实测项目见表 5.2.2-1。

混凝土综合管廊防水工程实测项目　　　　　　　　　表 5.2.2-1

序号	项目	允许偏差（mm）
1	防水卷材厚度	−0.2
2	防水涂料厚度	−0.1
3	止水带位置偏差	±10
4	变形缝防水构造	符合设计规定
5	施工缝防水构造	符合设计规定

（3）优良工艺图例

优良工艺图例见图 5.2.2-1～图 5.2.2-4。

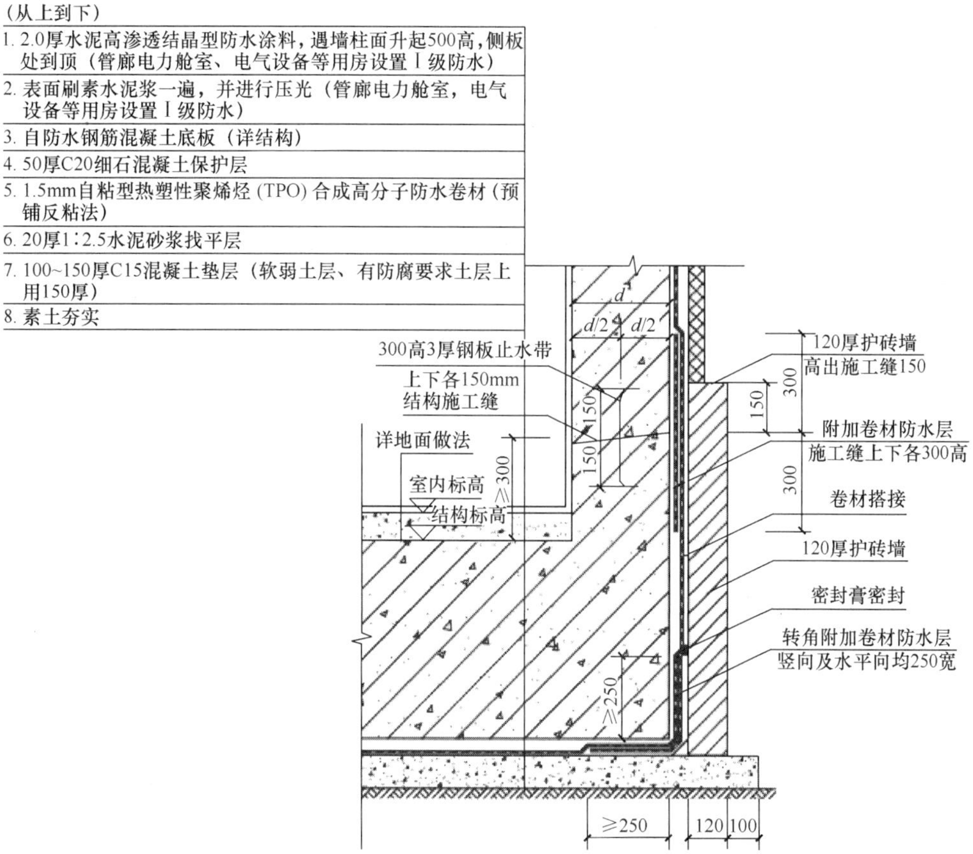

(从上到下)
1. 2.0厚水泥高渗透结晶型防水涂料，遇墙柱面升起500高，侧板处到顶（管廊电力舱室、电气设备等用房设置Ⅰ级防水）
2. 表面刷素水泥浆一遍，并进行压光（管廊电力舱室，电气设备等用房设置Ⅰ级防水）
3. 自防水钢筋混凝土底板（详结构）
4. 50厚C20细石混凝土保护层
5. 1.5mm自粘型热塑性聚烯烃（TPO）合成高分子防水卷材（预铺反粘法）
6. 20厚1∶2.5水泥砂浆找平层
7. 100~150厚C15混凝土垫层（软弱土层、有防腐要求土层上用150厚）
8. 素土夯实
d
d/2
d/2
300高3厚钢板止水带
上下各150mm
结构施工缝
150
150
详地面做法
≥300
室内标高
结构标高
120厚护砖墙
高出施工缝150
300
150
附加卷材防水层
施工缝上下各300高
300
卷材搭接
120厚护砖墙
密封膏密封
转角附加卷材防水层
竖向及水平向均250宽
≥250
≥250
120
100

图 5.2.2-1　底板外墙转角防水构造图

聚苯板条填实
缝两边各500宽附加卷材防水层
卷材防水层
其余同地下室底板做法
底板结构标高
地下室
详地面做法
详结施
密封膏密封
中埋式橡胶止水带
ϕ30～ϕ60泡沫塑料棒
外贴式止水带
400
B≥300
B/2
B/2
500
500

图 5.2.2-2　底板伸缩缝处防水构造图

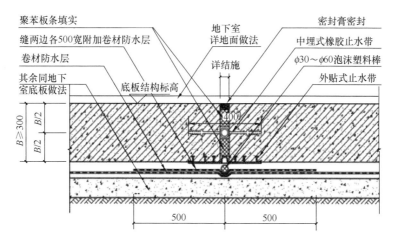

图 5.2.2-3　管廊卷材铺设

图 5.2.2-4　管廊橡胶止水带焊接

（4）质量问题图例

质量问题图例见图 5.2.2-5、图 5.2.2-6。

图 5.2.2-5　管廊橡胶止水带破损

图 5.2.2-6　管廊橡胶止水带安装错位

5.3　预制混凝土管廊

5.3.1　管廊预制

（1）工艺控制要点

1）应根据预制构件的质量要求，生产技术及工艺，模具可周转次数确定预制构件模具设计和加工方案。

2）模具设计应满足承载力、刚度和整体稳定性的要求；应满足预制构件预留孔、插筋、预埋吊件及其他预埋件的安装定位要求；根据设计要求预设反拱。

3）控制板钢筋间距应使用放线或胎具对钢筋间距进行控制，顶板钢筋绑扎前在顶板模上弹线、拉通线控制。

4）预制构件用混凝土工作性能应根据产品类别和生产工艺要求确定，混凝土构件应采用机械振捣成型方式生产。

5）预制构件与现浇混凝土的结合面应采取拉毛或凿毛处理。

6）预制构件可根据需要选择自然养护或蒸汽养护方式。采用蒸汽养护时应按要求严格控制升降温速度不超过 25℃/h，最高养护温度不超过 70℃。

7）预制构件脱模起吊时，应根据设计要求或具体生产条件确定所需的混凝土立方体抗压强度。

（2）质量实测项目

预制管廊构件允许偏差见表 5.3.1-1。

预制管廊构件允许偏差　　　　　　　　　　表 5.3.1-1

序号	检查项目		允许偏差（mm）
1	净空尺寸（X）（内宽和内高）	$X \leqslant 2000$	−5，+2
		$2000 < X \leqslant 4000$	−7，+5
		$4000 < X$	−10，+7
2	预制节段有效长度		−5，+5
3	壁厚（T）	$200 \leqslant T < 300$	−3，+5
		$300 \leqslant T < 400$	−4，+6
		$400 \leqslant T$	−4，+8
4	企口工作面，企口端面	承口长度	±2
		插口长度	±2
		承口壁厚	±2
		插口壁厚	±2
		承插口内侧端面对角线互差	≤5
		插口表面平整度	≤3
		断面倾斜	≤3
5	表面平整度	底板	≤3

（3）优良工艺图例

优良工艺图例见图 5.3.1-1～图 5.3.1-4。

图 5.3.1-1　预制管廊钢筋笼入模

图 5.3.1-2　预制管廊钢筋绑扎

图 5.3.1-3　预制管廊混凝土浇筑

图 5.3.1-4　预制管廊分层堆放

（4）质量问题图例

质量问题图例见图 5.3.1-5～图 5.3.1-8。

图 5.3.1-5　预制管廊橡胶止水带安装不顺直

图 5.3.1-6　预制管廊混凝土麻面 1

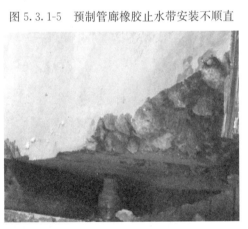

图 5.3.1-7　预制管廊混凝土掉角

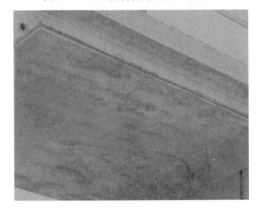

图 5.3.1-8　预制管廊混凝土麻面 2

5.3.2　管廊安装

（1）工艺控制要点

1）预制构件应按施工方案要求的顺序进行吊装，首节段应进行定位后采取固定措施，预制构件应经测量校准定位后再安装与其相邻的构件。

2）采用预应力钢绞线连接时，张拉力张拉顺序应符合设计要求；锚具锁牢后，应切断剩余的钢绞线。预应力连接完成后应及时注浆和封堵张拉孔。压浆前须先进行孔道注水湿润，单端压浆至另一端出现浓浆止；应在封锚完成 6h 后拆除封锚钢板。

3）采用螺栓连接接头时，螺栓的材质、规格、拧紧力矩应符合设计要求及现行国家标准的有关规定。

4）节段拼装管廊的纵向连接方式应满足设计要求，可采用预应力筋连接接头、螺栓连接接头、柔性承插口接头等。当采用分为上、下两部分制作的节段拼装管廊，应先将上、下预制构件进行竖向连接后，再整个节段进行纵向连接。

5）叠合拼装管廊的施工顺序应符合规定；安置预制墙板构件时，应采用可调式斜支撑临时固定；叠合构件与现浇混凝土结构连接处应加密振捣点，当墙体厚度小于 25cm 时，宜采用细石自密实混凝土。

6）分块拼装管廊的连接方式可采用现浇湿接缝、承插式连接、销孔式和螺栓连接等，连接方式应符合设计规定。

（2）质量实测项目

管廊装配后的允许偏差及检验方法见表 5.3.2-1。

管廊装配后的允许偏差及检验方法　　　　　　　　　表 5.3.2-1

序号	检验项目		允许偏差（mm）
1	管廊中心线对轴线的位置		5
2	标高	顶板顶面	±10
		底板顶面	±10
3	构件垂直度		$H/400$，且≤10
4	相邻构件平整度	顶板下表面、底板上表面	3
		侧板侧表面	5

注：H 为管廊结构的总高度。

（3）优良工艺图例

优良工艺图例见图 5.3.2-1～图 5.3.2-6。

图 5.3.2-1　预制管廊吊装入基坑

图 5.3.2-2　预制管廊安装 1

图 5.3.2-3　预制管廊安装 2

图 5.3.2-4　预制管廊阶段间密封条

图 5.3.2-5　预制管廊接缝打胶

图 5.3.2-6　预制管廊安装成品

（4）质量问题图例

质量问题图例见图 5.3.2-7、图 5.3.2-8。

图 5.3.2-7　预制管廊拼接处错台

图 5.3.2-8　预制管廊拼接缝宽超标

5.4　钢结构管廊

5.4.1　钢结构管廊预制

（1）工艺控制要点

1）钢结构管廊构件，每片加工制作的尺寸应根据吊装、运输、安装和设计施工图等条件确定。

2）钢结构管廊构件加工应按下料、切割、组装、焊接、除锈和防腐的工序进行。

3）钢结构管廊构件对接法兰与波纹钢板主板之间的焊接质量应符合相关规定，法兰上孔位、孔距等根据工程设计图确定，相互对接的两个法兰螺栓孔位应对应一致。

4）波纹钢结构墙板在批量生产前应进行预拼装，预拼装宜采用实体预拼装的方法。

5）钢结构管廊环氧粉末 FBB 涂层应无漏涂、鼓包、分层及脱落等外观缺陷。

6）重叠堆放构件时，每层构件间的垫块应上下对齐，堆垛层数应根据构件、垫块的承载力确定，并应根据需要采取防止堆垛倾覆的措施。

（2）质量实测项目

钢结构管廊管节预制实测项目见表 5.4.1-1。

	钢结构管廊管节预制实测项目	表 5.4.1-1
序号	项目	允许偏差（mm）
1	钢材板厚	含镀锌层厚度的下偏差应不小于 0
2	波距	±3
3	波高	±3
4	管节长度	±20
5	断面尺寸	±2%
6	波纹钢板主板长度	±10
7	波纹钢板主板宽度	±10

（3）优良工艺图例

优良工艺图例见图 5.4.1-1～图 5.4.1-6。

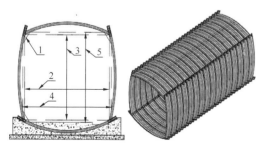

1—腋长；2—内跨度；3—内高度；4—净跨度；5—净高度
图 5.4.1-1　预制钢结构管廊单舱断面

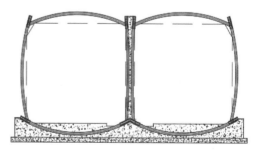

图 5.4.1-2　预制钢结构管廊双舱断面

图 5.4.1-3　钢结构管廊主体结构生产

图 5.4.1-4　钢结构管廊口部结构生产

图 5.4.1-5　钢结构管廊装配式支架

图 5.4.1-6　钢板焊接牢固

（4）质量问题图例

质量问题图例见图 5.4.1-7～图 5.4.1-9。

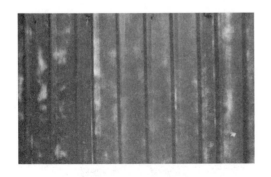

图 5.4.1-7　钢板锈蚀

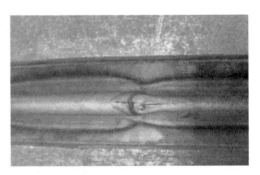

图 5.4.1-8　焊缝处产生裂纹

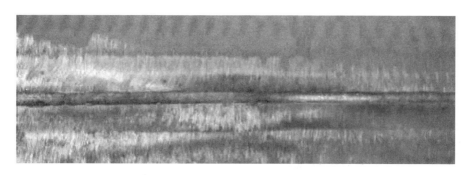

图 5.4.1-9 焊缝未完全焊透

5.4.2 钢结构管廊安装

（1）工艺控制要点

1）合理确定钢结构管廊的组装顺序，制定相应施工方案，可在基坑外拼装成标准节，然后整体吊装进行标准节间的连接与紧固。

2）单舱组装时，先吊装单节钢结构管廊底板；再吊装侧拱板，采用刚性支撑稳固板片，栓接紧固拼接面螺栓；然后吊装并拼装密封垫片及顶板，设置定型支撑或拉索。

3）多舱钢结构管廊施工时，先在基坑之外周围场地，完成各个舱室钢结构管廊标准节段的拼装，然后采用整体吊装的方式将管节整体吊装到位，栓接各管节节间及舱间连接和锁紧装置。

4）每组装 10～20m 后应检查截面的形状、位置有无偏差，超出允许偏差应采取措施及时纠偏与调整。

5）钢结构管廊底部宜充填水泥固化土，由多个单舱并列设置而成的多舱钢结构管廊，舱间缝隙宜填充混凝土。水泥固化土或混凝土应分层浇筑。

（2）质量实测项目

钢结构管廊安装实测项目见表 5.4.2-1。

钢结构管廊安装实测项目 表 5.4.2-1

序号	检查项目	允许偏差（mm）
1	轴线偏位	±20
2	结构底高程	±15
3	结构水平向	±1.5%
4	结构铅垂向	±1.5%
5	结构纵向总长度	−50，＋150
6	混凝土强度	≥设计值
7	螺栓拧紧力矩	±10%

（3）优良工艺图例

优良工艺图例见图 5.4.2-1～图 5.4.2-6。

图 5.4.2-1　钢结构管廊底板安装

图 5.4.2-2　钢结构管廊节段拼接

图 5.4.2-3　钢结构管廊顶板安装 1

图 5.4.2-4　钢结构管廊顶板安装 2

图 5.4.2-5　钢结构管廊顶板安装 3

图 5.4.2-6　钢结构管廊箱室

（4）质量问题图例

质量问题图例见图 5.4.2-7、图 5.4.2-8。

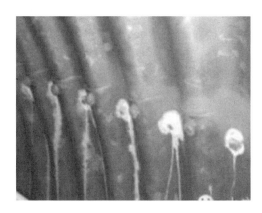

图 5.4.2-7　钢结构波纹板渗水

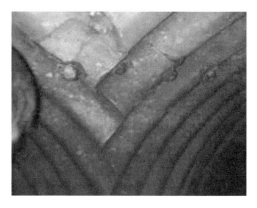

图 5.4.2-8　接口存在间隙，发生渗漏

第6章　生活垃圾填埋场工程

6.1　生活垃圾填埋场工程技术标准及质量控制重点

6.1.1　施工及验收技术标准

1. 《污水综合排放标准》GB 8978—1996
2. 《恶臭污染物排放标准》GB 14554—1993
3. 《大气污染物综合排放标准》GB 16297—1996
4. 《生活垃圾填埋场污染控制标准》GB 16889—2008
5. 《危险废物填埋污染控制标准》GB 18598—2019
6. 《生活垃圾卫生填埋场环境监测技术要求》GB/T 18772—2017
7. 《室外排水设计标准》GB 50014—2021
8. 《给水排水管道工程施工及验收规范》GB 50268—2008
9. 《生活垃圾卫生填埋处理技术规范》GB 50869—2013
10. 《生活垃圾卫生填埋场封场技术规范》GB 51220—2017
11. 《生活垃圾卫生填埋场防渗系统工程技术标准》GB/T 51403—2021
12. 《生活垃圾处理处置工程项目规范》GB 55012—2021
13. 《生活垃圾卫生填埋场运行维护技术规程》CJJ 93—2011
14. 《生活垃圾填埋场无害化评价标准》CJJ/T 107—2019
15. 《生活垃圾卫生填埋场防渗系统工程技术规范》CJJ 113—2007
16. 《生活垃圾填埋场填埋气体收集处理及利用工程技术规范》CJJ 133—2009
17. 《生活垃圾渗沥液处理技术规范》CJJ 150—2010
18. 《生活垃圾卫生填埋场岩土工程技术规范》CJJ 176—2012
19. 《垃圾填埋场用高密度聚乙烯土工膜》CJ/T 234—2006
20. 《垃圾填埋场用高密度聚乙烯管材》CJ/T 371—2011
21. 《垃圾填埋场用土工滤网》CJ/T 437—2013
22. 《垃圾填埋场用土工排水网》CJ/T 452—2014
23. 《生活垃圾填埋场渗滤液处理工程技术规范（试行）》HJ 564—2010
24. 《生活垃圾卫生填埋处理工程项目建设标准》建标 124—2009

6.1.2　规范标准强制性条文

1. 《生活垃圾处理处置工程项目规范》GB 55012—2021

2.3.1　生活垃圾处理处置工程应制定与生活垃圾特性和工艺要求相适应的操作维护规程和事故应急预案。

2.3.2　生活垃圾处理处置工程应设置道路行车指示、安全标志、防火防爆及环境卫生设施设置标志。各检测点以及易燃易爆物、化学品、药品等储放点应设置醒目的安全标志。

2.3.4　特种设备必须经相关部门检测合格，并应在许可的有效期内使用。

2.3.6　皮带传动、链传动、联轴器等传动部件必须有防护罩，不得裸露运转。机罩安装应牢固、可靠。

2.3.7　工作人员进入垃圾储坑、焚烧锅炉、脱酸塔、脱氮塔、袋式除尘器、渗沥液收集池、调节池、生化池、厌氧反应器等受限空间或存在有毒有害气体场所进行检修时，应符合下列规定：

1　进入作业前必须采取事先通风、有害气体检测及佩戴个人防护用品等安全防护措施；

2　必须使用安全电压照明；

3　作业时应在外部设有监护人员，并应与进入的检修人员时刻保持联系；

4　进出人员应办理工作票，实行签进签出规定。

2.3.9　生活垃圾处理处置工程除臭系统运行维护应符合下列规定：

1　对于长期堆放和储存生活垃圾和渗沥液的设施或场所，在启动风机收集臭气前，应测试臭气中的甲烷浓度，当甲烷浓度超过 1.25％时，应先进行通风，并应使甲烷浓度降低至 1.25％以下后，再启动风机；

2　除臭系统计划长时间停用时，应对设备及系统管路进行清洗，并对各种传感器、探头及仪表采取保护措施；

3　除臭设备检修前必须停止运行，并应先排除内部气体，通入空气，确认安全后再进入设备内部检修，且进入设备内部检修的人员应佩戴安全防护用品；

4　废弃的除臭塔填料应进行无害化处理和处置，不得随意堆放、污染环境。

4.2.1　填埋场的场底、四周边坡、垃圾堆体边坡必须满足整体及局部稳定性要求。

4.3.2　膜防渗层主要材料采用 HDPE 土工膜时，厚度不应小于 1.5mm。

4.3.3　防渗系统铺设和施工应符合下列规定：

1　HDPE 膜铺设过程中必须进行搭接宽度和焊缝质量控制，并按要求做好焊接和检验记录；

2　防渗系统工程施工完成后，在填埋垃圾前，应对防渗系统进行全面的渗漏检测，并确认合格方可投入使用。

4.4.2　填埋场应设置地下水监测设施。

4.6.2　作业人员进行药物配备和喷洒作业应穿戴安全卫生防护用品，并应严格按照药物喷洒作业规程作业。

4.6.3　填埋作业过程中，应及时进行日覆盖与中间覆盖，保持雨污分流设施完好。

4.6.4　填埋垃圾未达到降解稳定化前，填埋库区及防火隔离带范围内严禁设置封闭式建（构）筑物。

4.6.6　生活垃圾焚烧飞灰经处理满足相关要求后，在生活垃圾填埋场中应单独分区填埋。

4.7.1　填埋场封场应设置长期有效的封顶覆盖系统，控制雨水入渗和填埋气无组织释放量。填埋场封场覆盖结构由下至上应依次包括排气层、防渗层、排水层与植被层。

4.7.2 填埋场封场后维护期间，全场应严禁烟火，并应对填埋气和渗沥液收集处理设施采取安全保护措施。

4.7.3 填埋场封场后，应及时对场地进行生态修复。

4.8.1 填埋场必须设置有效的填埋气导排设施，防止填埋气聚集、迁移引起的火灾和爆炸。

4.8.2 填埋气导排设施应随着垃圾填埋范围和高度的增加而及时增设，确保填埋气导排设施作用范围覆盖全部填埋垃圾，并应避免填埋作业损坏气体导排设施，保持填埋气导排设施的有效性。

4.8.3 设置填埋气主动导排设施的填埋场，必须设置火炬系统或填埋气利用设施。

4.8.4 填埋气火炬系统应具有点火、熄火保护功能，火炬的进气管路上应设置与填埋气燃烧特性相匹配的阻火装置。

4.8.5 填埋气收集与利用系统应符合下列规定：

1 填埋气抽气设备前的进气管道上应设置氧含量监测报警设备，并与沼气收集控制系统连接。

2 输气管道不得穿过大断面管道或通道。

3 维修设备时，不得随意搭接临时电力线路；维修人员严禁穿戴化纤类工作服，在密闭室内严禁携带通信设备。

4 导气井井口氧气浓度超过 2% 时，应减少阀门开度。当查明存在进氧点时，应视情况关闭导气井阀门直至进氧故障排除。

5 预处理系统启动前必须进行氮气冲扫。

6 填埋气发电厂房及辅助厂房的电缆敷设，应采取阻燃、防火封堵措施。

4.9.1 应对填埋场垃圾堆体、垃圾坝及周边山体边坡的稳定安全进行监测，包括堆体中渗沥液液位、堆体位移、垃圾坝位移、周边山体边坡位移等。

4.9.2 应对垃圾填埋场周围地下水、地表水、大气、排放污水、场界噪声、苍蝇密度等进行定期监测。

注：由于《生活垃圾处理处置工程项目规范》GB 55012—2021 颁布，原如下强条废止：

(1) 《生活垃圾渗沥液处理技术规范》CJJ 150—2010 第 5.5.2、6.2.2、6.2.3、6.3.1、6.4.8、6.4.9、8.1.5 条；

(2)《生活垃圾卫生填埋场防渗系统工程技术规范》CJJ 113—2007 第 3.1.4、3.1.5、3.1.9、3.4.1、3.5.2、3.6.1、5.3.8 条；

(3)《生活垃圾卫生填埋处理技术规范》GB 50869—2013 第 3.0.3、4.0.2、8.1.1、10.1.1、11.1.1、11.6.1、11.6.3、11.6.4、15.0.5 条；

(4) 《生活垃圾卫生填埋场封场技术规程》GB 51220—2017 第 8.0.3、11.3.3、12.1.8、13.4.3 条；

(5)《生活垃圾填埋场填埋气体收集处理及利用工程技术规范》CJJ 133—2009 第 3.0.1、3.0.7、5.2.10、6.1.12、7.3.1、7.3.5、7.3.7、8.6.2、9.2.4、9.4.3、9.4.5、9.5.1 条；

(6)《生活垃圾卫生填埋场岩土工程技术规范》CJJ 176—2012 第 6.4.1、6.5.5 条。

2.《给水排水管道工程施工及验收规范》GB 50268—2008

请详见本书"4.1.2　规范标准强制性条文"的"2.《给水排水管道工程施工及验收规范》GB 50268—2008"。

6.1.3　创优质量控制重点

1. 实体质量

（1）材料质量合格。HDPE 土工膜、非织造土工布、织造土工布、膨润土防水毯、土工复合排水网、HDPE 管道、PVC 管道等材料规格、性能符合国家标准要求，有出厂合格证。

（2）HDPE 土工膜的厚度满足要求，铺设过程中的搭接宽度和焊缝质量满足要求。

（3）膨润土防水毯（GCL）应自然松弛与基础层贴实，不应褶皱和悬空。

（4）渗沥液收集导排系统应能及时有效收集和导排汇集于场底和边坡防渗层以上的垃圾渗沥液，并具有防淤堵功能。

（5）渗沥液导排穿孔管应按设计要求沿坡面平顺铺设，不得形成倒坡，且位于碎（砾）石层底部最低位置，注意开孔的保护，防止碎石堵塞管道。

2. 外观质量

（1）场底、边坡基础层、锚固平台及回填材料要平整、密实，无裂缝、无松土、无积水、无裸露泉眼、无明显凹凸不平、无石头砖块，无树根、杂草、淤泥、腐殖土，场底、边坡及锚固平台之间过渡平缓。

（2）非织造土工布无破损、无折皱、无跳针、无漏接现象，应铺设平顺，连接良好。

（3）焊接、检测和修补记录标识应明显、清楚，焊缝表面应整齐、美观，不得有裂纹、气孔、漏焊和虚焊现象。HDPE 膜无明显损伤、无褶皱、无隆起、无悬空现象。

（4）渗滤液收集管道的安装应平、直、顺，无明显突起、突弯现象。

（5）HDPE 管道安装及焊接应严格按照相关规范执行，管节间焊缝表面应平顺、均匀，不得有裂纹、气孔等缺陷。

3. 内业资料

（1）图纸会审、设计交底，施工图设计文件修改、变更、洽商应符合程序，记录完整。

（2）施工组织设计、施工方案、危险性较大的分部分项工程专项施工方案、技术交底、安全技术交底、施工日志、施工记录齐全，施组有质量目标，审批手续齐全。

（3）原材料、构配件、管道、土工膜等应具有出厂合格证明及现场检测报告。

（4）见证取样和送检记录：土工膜、防水毯、土工织物、管道等见证取样和送检记录资料及相关试验（检验）报告单。

（5）施工试验资料：试验报告及统计评定。

（6）功能性检验资料：原状地基承载力试验、防渗系统渗漏检测等。

（7）施工记录：HDPE 膜铺设及焊接施工记录、膨润土防水毯铺设记录、黏土防渗层压实记录等内容完整、记录真实。

（8）测量复核记录：控制点、基准线、水准点的复测记录，有放必复。

（9）质量验收记录：检验批、分项、分部、单位工程验收及隐蔽工程验收记录应内容齐全、结论明确、签认手续完整，参与验收人员应具有相应资格。

6.2 防渗工程

6.2.1 基础层

（1）工艺控制要点

1）基础填土层严禁薄层贴补，场底、平台和坡面满足平整度、压实度的要求。

2）防渗层下基础层平整度应按照设计要求施工。防渗层下基础层达不到平整度要求的，应做特殊处理，对于岩石区基底宜采用填筑细石混凝土找平，对于土壤区基底宜采用填筑黏土层找平。

3）场底部位的土石混合基础面宜采用填筑黏土层进行平整；边坡部位的土石混合基础面应采用低强度等级水泥砂浆进行平整，水泥砂浆平均厚度宜为40mm。

4）石质边坡平整后应清洗干净，坑洼部分宜采用高强度等级水泥砂浆或细石混凝土回填找平。水泥砂浆或细石混凝土强度等级应按照设计要求。

（2）质量实测项目

基础层实测项目见表6.2.1-1。

基础层实测项目   表6.2.1-1

序号	检查项目	允许偏差（mm）
1	压实度	≥设计值
2	边坡	不陡于设计值
3	平整度	±20
4	密实度	合格率100%

（3）优良工艺图例

优良工艺图例见图6.2.1-1～图6.2.1-4。

图6.2.1-1　库区基础层开挖

图6.2.1-2　库区底部基础层平整

图 6.2.1-3　基础层压实

图 6.2.1-4　库区底部压实效果

（4）质量问题图例

质量问题图例见图 6.2.1-5～图 6.2.1-8。

图 6.2.1-5　块石未清理，粒径不符合要求

图 6.2.1-6　边坡、库底凹凸不平整

图 6.2.1-7　块填筑细石平整度不足

图 6.2.1-8　场地杂草丛生

6.2.2　HDPE 土工膜

（1）工艺控制要点

1）挤压焊接所需 HDPE 焊条材质与 HDPE 土工膜应为同一材质，并采用同厂同期原材料。

2）HDPE 土工膜铺设时应使卷材自上而下滚铺，先边坡后场底，缓慢展开并确保贴铺平整，不得悬空落下。

3）HDPE 土工膜在坡面上的接缝应与坡面线平行，在坡面上不得有水平接缝。场底水平接缝距离坡脚应大于 1.5m。

4）HDPE 土工膜边缘应及时用砂袋或者其他不损坏土工膜的重物压载。

5）整个焊接过程中，土工膜搭接范围内应保持干净和干燥；所有接缝必须从头到尾进行焊接，焊缝应延伸到锚固沟内不小于 300mm。

（2）质量实测项目

HDPE 土工膜的实测项目见表 6.2.2-1。

HDPE 土工膜的实测项目 表 6.2.2-1

序号	检查项目	允许偏差（mm）
1	穿孔修复点	不允许
2	热熔焊接宽度	100±20
3	挤压焊接宽度	75±20
4	焊缝检测	每条合格率100%

（3）优良工艺图例

优良工艺图例见图 6.2.2-1～图 6.2.2-4。

图 6.2.2-1　HDPE 膜铺设 1

图 6.2.2-2　HDPE 膜铺设 2

图 6.2.2-3　HDPE 膜铺设 3

图 6.2.2-4　HDPE 膜焊缝施工

（4）质量问题图例

质量问题图例见图 6.2.2-5～图 6.2.2-8。

图 6.2.2-5　金属利器等压在 HDPE 膜上

图 6.2.2-6　HDPE 膜未用土工袋压住保护

图 6.2.2-7　凹凸不平、隆起

图 6.2.2-8　有褶皱、积水等

6.2.3　非织造土工布

（1）工艺控制要点

1）土工布的铺设应平整、不得有破损和褶皱现象，并须检查断针情况，如有发生须清理完毕。

2）土工布铺设和切割时，应对下层材料采取保护措施。

3）土工布在坡面上的接缝宜与坡面线平行，在坡度大于 10% 的坡面上和坡脚 1.5m 范围内不应有横向接缝。

4）当土工布接缝处于受力部位时，应采取缝合的连接方式，缝合应达到接缝无跳针、无漏缝。当土工布接缝处于非受力部位时，可采用热风筒热粘连接，重叠部分应全部粘接、无漏接。

5）破损部位应使用相同规格材料进行修补，修补范围应大于破损处周边 300mm。

（2）质量实测项目

土工布接缝重叠宽度及允许偏差见表 6.2.3-1。

土工布接缝重叠宽度及允许偏差 表 6.2.3-1

序号	项目	允许偏差（mm）
1	热熔焊接宽度	±20
2	挤压焊接宽度	±25

（3）优良工艺图例

优良工艺图例见图 6.2.3-1～图 6.2.3-4。

图 6.2.3-1 边坡无纺布铺设

图 6.2.3-2 场底无纺布铺设

图 6.2.3-3 焊接施工

图 6.2.3-4 无纺布铺设效果

（4）质量问题图例

质量问题图例见图 6.2.3-5～图 6.2.3-8。

图 6.2.3-5　搭接宽度不够，未及时接缝

图 6.2.3-6　摊铺褶皱不平

图 6.2.3-7　漏焊或不符要求开缝

图 6.2.3-8　修补搭接范围不足

6.2.4　膨润土防水毯（GCL）

（1）工艺控制要点

1）填埋区基底检验合格，GCL 的基础层不得有积水、尖锐物体以及油渍等有害物质，进行 GCL 铺设作业，严禁在雨天铺设，每一工作面施工前均要对基底进行修整和检验。

2）掀开搭接处上层 GCL 垫，在搭接处均匀撒膨润土粉，将两层垫间密封，然后将掀开的 GCL 铺回。

3）根据填埋区基底设计坡向，GCL 的搭接应尽量采用顺坡搭接，即采用上压下的搭接方式；注意避免出现十字搭接，应尽量采用品字形分布。

4）搭接区域需添加膨润土粉的，应在下方的片材边缘搭接区域表面均匀撒铺膨润土粉。

5）随时检查外观有无破损、孔洞等缺陷，发现缺陷时，应及时修补，修补范围应大于破损范围 200mm。施工完成后的 GCL 应尽快覆盖。

（2）质量实测项目

膨润土防水毯实测项目见表 6.2.4-1。

膨润土防水毯实测项目   表 6.2.4-1

序号	项目	允许偏差（mm）
1	防水毯厚度	−0.2
2	接缝长度	±50

（3）优良工艺图例

优良工艺图例见图 6.2.4-1～6.2.4-4。

图 6.2.4-1　铺设 GCL 垫

图 6.2.4-2　搭接处撒膨润土粉

图 6.2.4-3　成品保护

图 6.2.4-4　铺设完成效果

（4）质量问题图例

质量问题图例见图 6.2.4-5～图 6.2.4-8。

图 6.2.4-5 铺设过程有积水、水化

图 6.2.4-6 搭接处无膨润土

图 6.2.4-7 十字搭接

图 6.2.4-8 修补范围不足

6.3 收集导排工程

6.3.1 渗滤液收集导排

（1）工艺控制要点

1）运料车驶入、驶出防渗层前，由专人将车辆行进方向防渗层上溅落的卵石清扫干净，以免车轮碾压卵石，使用的金属工具尽量避免与防渗层接触，损坏防渗层。

2）碎石层铺设时，应由外向里铺设，宜采用小型自卸车运输碎石，严禁采用推运碎石的方式，防止产生横向动荷载，对防渗膜产生推移破坏。在运料车行进路线的防渗层上，加铺不少于两层的同规格土工布，加强对防渗层的保护。

3）在填筑导排层卵石时，宜采用小于5t的自卸汽车，采用不同的行车路线，环形前进，间隔5m堆料，避免压翻基底，随铺膜随铺导排层滤料（卵石）。摊铺导排层、收集渠码砌均采用人工施工。

4）HDPE 渗沥液收集花管连接一般采用热熔焊接。

（2）质量实测项目

渗滤液收集导排实测项目见表 6.3.1-1。

渗滤液收集导排实测项目 表 6.3.1-1

序号	检查项目	允许偏差（mm）
1	管道直径	±5
2	导排层滤料卵石粒径	20，60
3	导排层铺设厚度	≥0.3m
4	导排层渗透系数	$\geq 1 \times 10^{-3}$ m/s

（3）优良工艺图例

优良工艺图例见图 6.3.1-1～图 6.3.1-6。

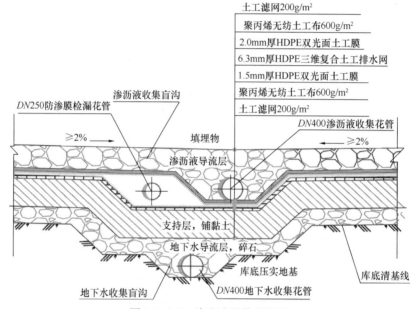

图 6.3.1-1 渗滤液导排系统图

图 6.3.1-2 库底碎石导流层施工

图 6.3.1-3　地下水收集花管

图 6.3.1-4　渗滤液导排收集花管

图 6.3.1-5　渗滤液管网施工

图 6.3.1-6　渗滤液收集盲沟回填

（4）质量问题图例

质量问题图例见图 6.3.1-7、图 6.3.1-8。

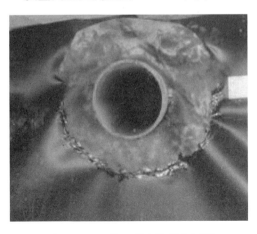

图 6.3.1-7　管、膜交接部位开裂

图 6.3.1-8　不合理材料造成淤堵

6.3.2 填埋气收集导排

（1）工艺控制要点

1）垃圾气导排管道构造应满足设计要求。导气管的标准管长一般为 2.0m，中空导气管周围用铁丝石笼围住，石笼要高于垃圾作业面 1m。

2）填埋气井采用钻井法施工。钻井使用螺旋钻头钻进，钻进深度离填埋场底部不小于 2m；填埋结束后以黏土对井口周围密封。

3）气井钻孔前，准备好钢护筒、铁丝笼、导气管、卵石等；钻孔成孔后，先安装钢护筒，然后安装铁丝笼和导气管，并在铁丝笼和导气管之间充填卵石。当垃圾填埋到压实高度后，将钢套管提拔到新高度，约 2m 高为一个循环。

4）导气管通常采用 PE 或 HDPE 管道，应注意管道接头的焊接及保护。

5）填埋气导排设施的施工应随着垃圾填埋范围和高度的增加而及时增设，并应避免填埋作业损坏气体导排设施，保持填埋气导排设施的有效性。

（2）质量实测项目

填埋气收集导排实测项目见表 6.3.2-1。

填埋气收集导排实测项目　　　　　　　　　　　表 6.3.2-1

序号	检查项目	允许偏差（mm）
1	导气管直径	0，20
2	导气井直径	±50
3	导气井底标高	±100
4	导气井顶标高	±50

（3）优良工艺图例

优良工艺图例见图 6.3.2-1～图 6.3.2-6。

图 6.3.2-1　导气管切管

图 6.3.2-2　导气井钻孔

图 6.3.2-3　准备铁丝网及导气管

图 6.3.2-4　导气井（小型沼气石笼燃烧器）

图 6.3.2-5　填埋气收集管道

图 6.3.2-6　填埋气的预处理系统

（4）质量问题图例

质量问题图例见图 6.3.2-7、图 6.3.2-8。

图 6.3.2-7　导气井成孔不规则

图 6.3.2-8　导气管倾斜过大